Jayesh Shah

Estudos sobre novas resinas de permuta iónica

Jayesh Shah

Estudos sobre novas resinas de permuta iónica

ScienciaScripts

Imprint
Any brand names and product names mentioned in this book are subject to trademark, brand or patent protection and are trademarks or registered trademarks of their respective holders. The use of brand names, product names, common names, trade names, product descriptions etc. even without a particular marking in this work is in no way to be construed to mean that such names may be regarded as unrestricted in respect of trademark and brand protection legislation and could thus be used by anyone.

Cover image: www.ingimage.com

This book is a translation from the original published under ISBN 978-620-2-05302-0.

Publisher:
Sciencia Scripts
is a trademark of
Dodo Books Indian Ocean Ltd. and OmniScriptum S.R.L publishing group

120 High Road, East Finchley, London, N2 9ED, United Kingdom
Str. Armeneasca 28/1, office 1, Chisinau MD-2012, Republic of Moldova, Europe
Printed at: see last page
ISBN: 978-620-7-72911-1

Índice

Capítulo: 01

Introdução

1.1 Preâmbulo:

Os polímeros e os materiais formulados ou derivados são diversos, abundantes e importantes para a humanidade. Os polímeros são também vistos em casa, no trabalho, nos transportes e nas actividades de lazer. A matéria viva também é capaz de produzir uma variedade de biopolímeros, tais como ácidos nucleicos (ADN, ARN), proteínas, polissacáridos, lenhina de goma-laca, etc. Estes polímeros forneceram as matérias-primas para a satisfação de necessidades básicas como o vestuário (algodão, lã, seda), o abrigo, a alimentação e muitas outras necessidades, apenas com pequenas modificações como tecer, cortar, moldar, etc. Consequentemente, a utilização e a curiosidade das pessoas em relação aos polímeros naturais conduziram a acontecimentos fortuitos que levaram à descoberta dos polímeros sintéticos. Nos últimos anos, certas áreas têm exigido não só uma maior utilização de materiais poliméricos, mas também o desenvolvimento de materiais poliméricos com propriedades específicas. As principais áreas incluem as indústrias automóvel e dos transportes, as indústrias eléctrica e eletrónica, as embalagens e as indústrias do desporto e do lazer. Para satisfazer as suas necessidades, foram produzidos vários polímeros novos, mas igualmente importante é a gama de modificações dos polímeros existentes para melhorar o seu desempenho. Estas modificações incluem modificações químicas e modificações através de uma composição adequada com outros materiais, tanto poliméricos como não poliméricos. Assim, de um ponto de vista cronológico, a história dos polímeros pode ser classificada em três períodos

Período	**Span**	**A era**
O período de 1 st	(1930-1940)	Homopolímeros
O período de 2 nd	(1940-1970)	Copolímeros
O período de 3 rd	(1970-2000)	Polímeros especiais
A atualidade	(21st século)	Conceção de materiais poliméricos assistida por computador de arquitecturas bem definidas

Principalmente, o polímero é uma categoria de materiais compostos por grandes moléculas que são fabricadas sinteticamente ou, se ocorrerem naturalmente, são modificadas. Tradicionalmente, os polímeros incluem termoplásticos comerciais e de engenharia, termoendurecíveis, elastómeros e polímeros altamente modificados como compósitos, misturas, plásticos de rede interpenetrante (IPN), etc. Os materiais poliméricos consistem em moléculas de cadeia longa formadas por reação química de pequenas moléculas chamadas **monómeros.** Normalmente, essas cadeias de polímeros são longas, consistindo frequentemente em centenas de unidades denominadas **macromoléculas**, e são líquidos viscosos ou sólidos (grânulos, pó ou flocos). Os polímeros que contêm cadeias moleculares curtas são designados por **oligómeros** e são geralmente líquidos à temperatura ambiente.

thNo início do século XX, alguns esforços científicos de descoberta de métodos de polimerização, combinados com avanços significativos na teoria, física e engenharia das macromoléculas, ajudaram a lançar uma revolução dos materiais que ainda hoje continua. Os esforços iniciais neste domínio resultaram na rápida comercialização dos chamados **polímeros de base**, como o polietileno (PE), o nylon, o epóxi, os poliésteres, a resina fenólica (baquelite), etc. Muitos destes polímeros de base são utilizados, em termos de tonelagem, em artefactos do quotidiano. Em geral, estão disponíveis em muitos graus e formatos para satisfazer uma variedade de aplicações e técnicas de processamento. Em alternativa, as suas propriedades requeridas podem também ser obtidas através da utilização de aditivos como estabilizadores, plastificantes, pigmentos, materiais de reforço, etc.

No final dos anos 60, ocorreu uma mudança substancial na direção da ciência dos polímeros e proliferou a síntese de materiais com um grau mais elevado de sofisticação nos materiais poliméricos com novas arquitecturas moleculares e elevado desempenho. Estes esforços promoveram um enorme progresso no sentido da conceção personalizada de materiais poliméricos bem definidos de graus especiais, através da modificação química ou física de polímeros convencionais para satisfazer necessidades especiais. Estes materiais são designados **polímeros especiais** e concebidos para serem utilizados em aplicações especiais, como exemplificado a seguir.

> A síntese de **polímeros condutores** levou a uma mudança dramática no tamanho, sofisticação e poder computacional dos materiais de semicondutores e microchips e torna-os de potencial aplicação da microeletrónica à indústria aeroespacial.

> Polímeros especiais como os **hidrogéis** para sistemas de libertação controlada de medicamentos.

> Desenvolvimento de novos **microgéis** poliméricos com características de elevado desempenho em sistemas de revestimento de **dispersão não aquosa** (NAD) e à base de água (Aqua Phase) para o mercado decorativo e automóvel.

> Produção de **fibras de carbono** para elevada rigidez de materiais compósitos avançados.

> A conceção de **polímeros** termoplásticos **de cristais líquidos (LCP)** oferece uma combinação interessante de propriedades para a indústria eletrónica.

> **Polímeros** sintéticos **resistentes a altas temperaturas** e **resistentes ao fogo** para serem utilizados em aplicações com temperaturas de serviço elevadas, como em motores aeronáuticos, automóveis, dispositivos microelectrónicos e eléctricos.

> **Os polímeros iónicos, - um material moderno especializado -**, são estruturas concebidas de forma única que contêm iões que permitem a troca com outros iões presentes na solução ou nos líquidos. A funcionalidade iónica dos polímeros iónicos é vital para as aplicações de novas tecnologias, como nos processos de separação baseados em membranas, biopolímeros, medicina, microencapsulamento, catálise e desmineralização ou amolecimento da água e no tratamento de águas residuais.

Consequentemente, a história da utilização do polímero pela humanidade e o seu eventual desenvolvimento seguiram um padrão geral de acontecimentos:

> Inovação dos polímeros naturais e sintéticos.

> Aplicação de polímeros em diferentes domínios.

> Modificação de polímeros com o objetivo de imitar as propriedades dos polímeros naturais ou desenvolvimento de polímeros sintéticos que não ocorrem naturalmente mas que têm propriedades úteis por direito próprio.

> Compreensão, síntese, estrutura e propriedades dos polímeros para permitir propriedades de utilização final.

[st]No século XXI, a revolução dos materiais tem sido alimentada por múltiplos avanços na ciência dos polímeros e continua a evoluir a um ritmo cada vez maior. Por conseguinte, os futuros desenvolvimentos no sentido da conceção por medida de materiais poliméricos com uma arquitetura molecular bem definida e um elevado desempenho serão muito provavelmente auxiliados por computador. No horizonte está a comercialização de polímeros "inteligentes" capazes de detetar e responder a alterações no seu ambiente de uma forma "inteligente". Está a ser dada cada vez mais ênfase à substituição de materiais naturais como a madeira, a seda e o metal e à imitação da abordagem da própria natureza à conceção de materiais. No entanto, neste contexto, a área da síntese e desenvolvimento de resinas continua a ser muito ativa, com um extenso trabalho a ser realizado em resinas convencionais, bem como em sistemas inteiramente novos, devido ao aumento da procura de polímeros especiais em vários domínios. Por conseguinte, foram feitos grandes progressos no sentido da síntese de polímeros, que se centra essencialmente na ligação química dos grupos funcionais reactivos e interactivos aos ossos posteriores do polímero e na aplicação subsequente de espécies suportadas por polímeros ou espécies imobilizadas numa série de processos químicos. O grupo funcional quimicamente ligado pode ser um reagente, um grupo protetor ou uma espécie catalítica, como um ácido ou uma base ou um catalisador de transferência de fase. Existem muitas vantagens potenciais na utilização destes suportes poliméricos numa série de processos químicos, uma vez que oferecem:

1 Reutilização ou reciclagem de reagentes, catalisadores e/ou solventes.

2 Seletividade e reatividade melhoradas.

3 Encapsulamento de espécies corrosivas, nocivas ou tóxicas.

4 Melhoria da separação, isolamento e purificação.

5 Redução da poluição ambiental, das reacções adversas e dos custos de produção.

Basicamente, pode ser utilizada uma variedade de formas físicas de polímeros como suporte de polímero, mas, na prática, as aplicações mais úteis têm utilizado esferas esféricas de resina reticulada com grupos funcionais reactivos. A resina polimérica pode ser funcionalizada utilizando duas estratégias diferentes, quer pela **via da modificação química (Figura-1.1)** quer pela **via do co-monómero funcional (Figura-1.2)**. No primeiro caso, a resina não funcional é sintetizada ou comprada no mercado e é modificada quimicamente através de uma reação orgânica comum. Na segunda via, a funcionalidade necessária pode ser introduzida no monómero polimerizável.

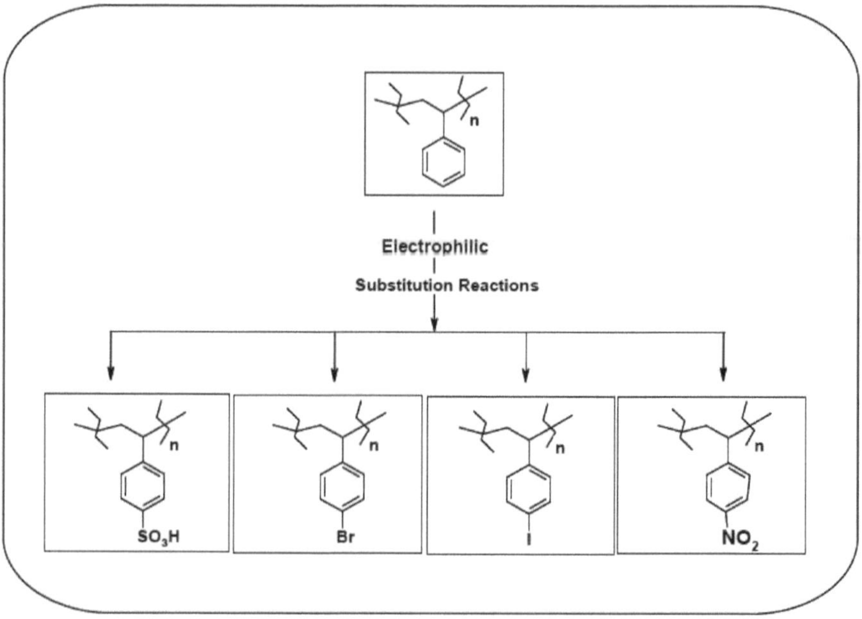

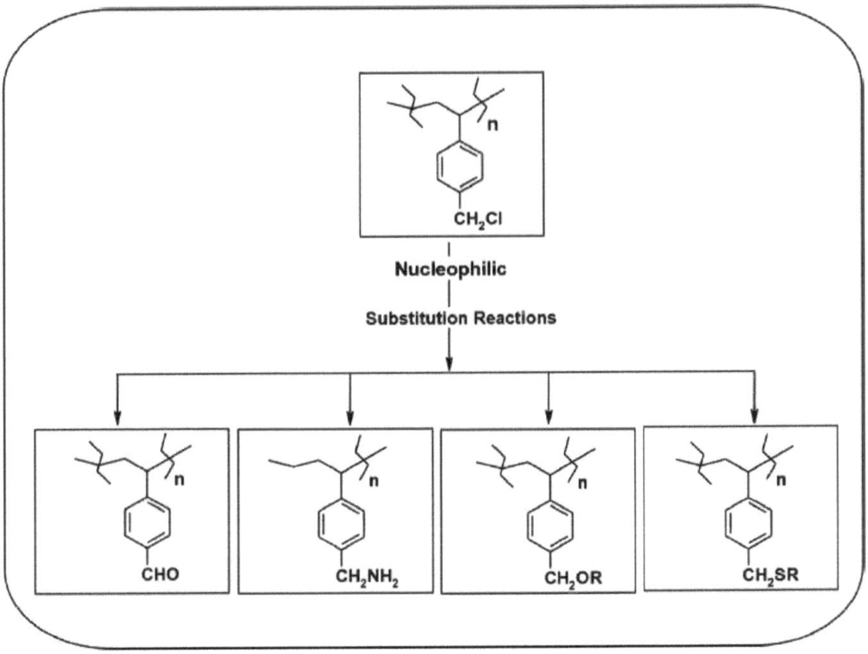

Figura-1.1: Modificação química do copolímero de estireno-divinil-benzeno (SDVBC)

Por vezes, também é utilizada uma combinação destas duas abordagens para sintetizar polímeros especiais. A revisão da literatura revelou muitos polímeros reactivos e funcionais de importância fundamental e industrial, preparados através de uma variedade de reacções químicas em redes poliméricas lineares e reticuladas **(Figura 1.1)**. Normalmente, no caso das resinas reticuladas à base de poliestireno, as reacções de clorometilação e de sulfonação são realizadas em grande escala a nível industrial para o fabrico de resinas de permuta catiónica e aniónica **(Figura-1.3)**. Além disso, várias outras reacções de substituição nucleofílica, como a aminação, a clorometilação, etc., e reacções de substituição electrofílica, como a bromação, a sulfonação, etc., são realizadas nesta matriz polimérica para muitas aplicações **(Figura-1.1)**.

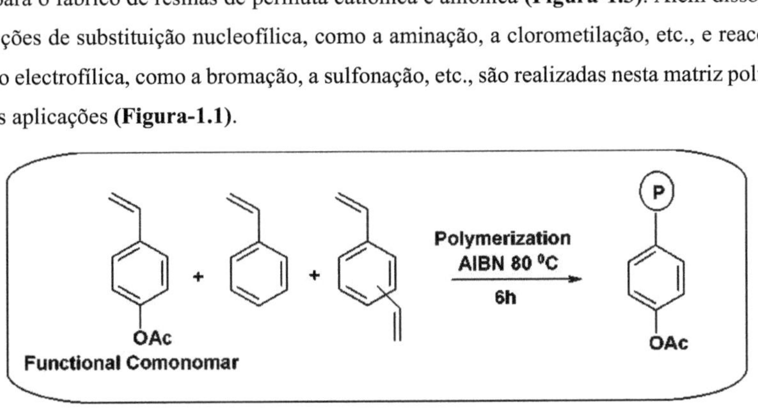

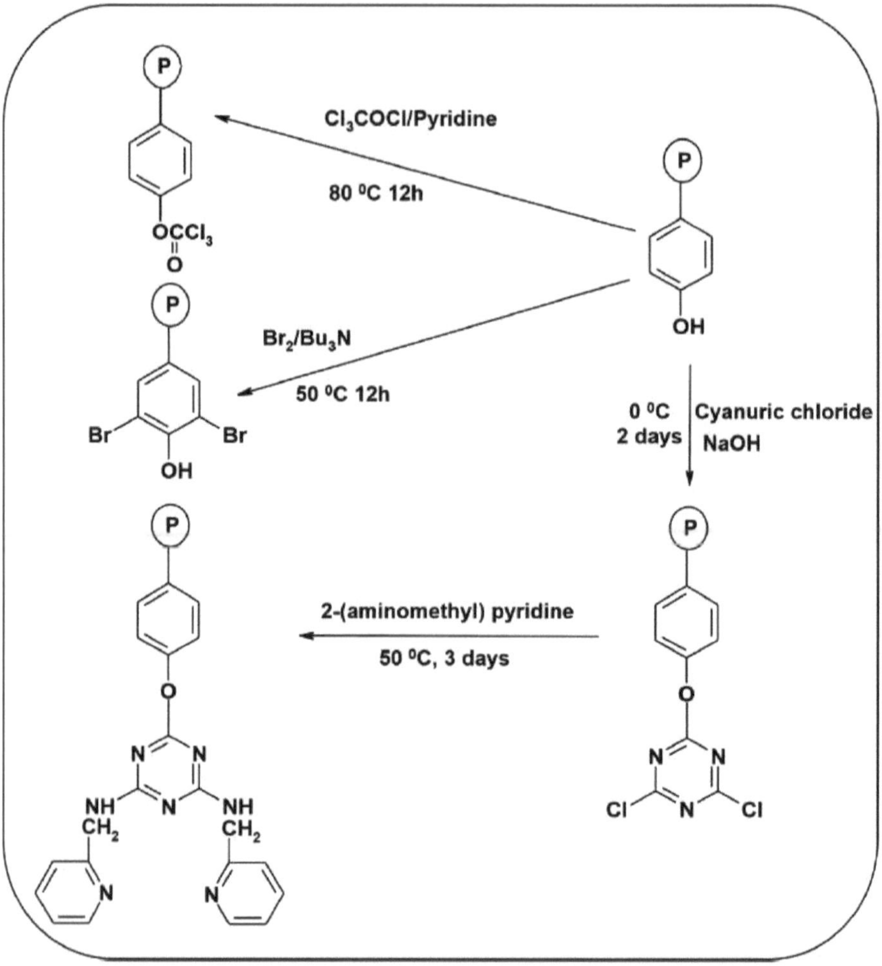

Figura-1.2: Modificação química através da utilização de um comonómero funcional

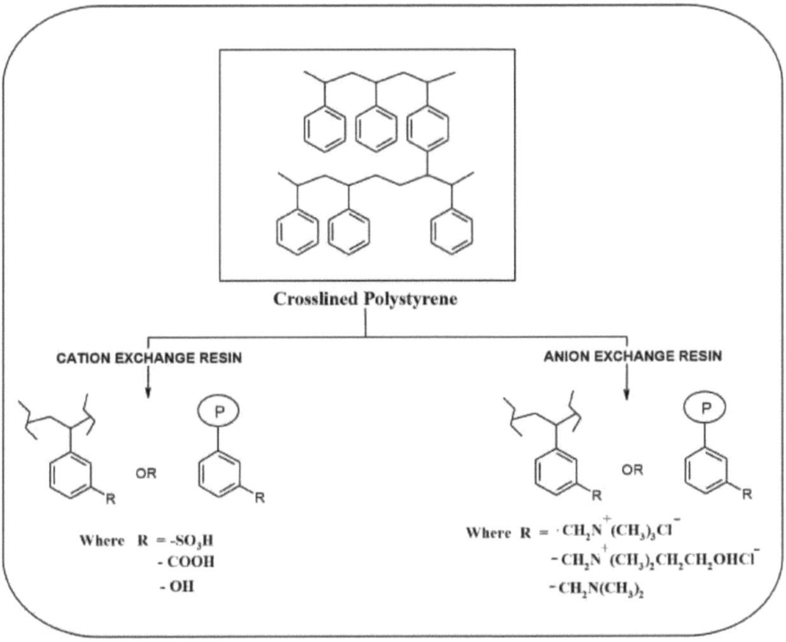

Figura-1.3: Resina de permuta iónica

As redes de gel e de copolímeros macroporosos de estireno-divinilbenzeno (2-12% DVB) são materiais eficazes para muitas aplicações comerciais, uma vez que estes polímeros pouco reticulados incham consideravelmente num bom solvente e podem ser utilizados em muitos domínios, nomeadamente como :

> Substrato para síntese orgânica

> Meios de separação e adsorventes

> Isolante térmico, acústico e elétrico

> Suportes poliméricos

> Materiais biológicos

> superfície catalítica

Consequentemente, os novos desenvolvimentos da síntese de resinas de permuta iónica de estireno-divinilbenzeno, a sua caraterização e exploração continuam inabaláveis em vários domínios. Isto foi estimulado, em particular, pela necessidade de produzir **resinas de permuta iónica de elevado desempenho** para serem utilizadas como catalisadores suportados por polímeros e como adsorventes de iões metálicos.

Com este objetivo, o presente trabalho foi planeado numa direção:

> Sintetizar **resinas de permuta catiónica de elevado desempenho** com mais de uma funcionalidade química na estrutura do copolímero de estireno-divinilbenzeno através da modificação química de pérolas comerciais de copolímero de estireno-divinilbenzeno não funcionais.

> Examinar a aplicabilidade destas resinas de permuta catiónica como catalisador ácido suportado por polímeros numa reação orgânica, em particular numa reação de Biginelli multicomponente para preparar precursores de dihidropirimidinonas **(DHPMs)** a utilizar subsequentemente na reação de Mannich para sintetizar bases de Mannich com vista a estudar a sua atividade antimicrobiana.

Uma vez que o principal objetivo do presente trabalho é desenvolver permutadores de iões de elevado desempenho para aplicações especiais, seria razoável focar brevemente a sua introdução geral e a sua importância em várias aplicações, especialmente nos permutadores de iões à base de resina de estireno-divinilbenzeno.

1.2 Resinas de permuta iónica "Pequenas, mas com muitos talentos"

1.2.1 Antecedentes:

Desde a sua descoberta, as resinas de permuta iónica têm sido utilizadas principalmente para o tratamento da água. [th]Até ao final do século XX, 65-70% das resinas produzidas eram utilizadas para amaciamento ou desmineralização da água. Descobriu-se que as propriedades dos permutadores de iões eram vantajosas em muitas outras áreas para além do tratamento da água. O número de aplicações especiais tem vindo a aumentar constantemente porque as resinas de permuta iónica fornecem um método eficiente e elegante para resolver um grande número de problemas em engenharia química. Por exemplo, as resinas com tamanho de partícula uniforme sempre foram necessárias na separação cromatográfica para melhorar a eficiência de muitos processos. Além disso, os regulamentos regem agora a utilização de resinas de permuta iónica, particularmente na indústria alimentar e noutras áreas como a catálise, os produtos farmacêuticos, etc. Por conseguinte, as reacções de permuta iónica constituem a base de um grande número de processos químicos que podem, em geral, ser classificados em três categorias principais: **Substituição, Separação e remoção de iões.** No **processo de permuta iónica de substituição**, um ião metálico valioso, como o cobre, pode ser recuperado e substituído por outro ião comum ou um ião tóxico, como o cianeto, pode ser removido da solução e substituído por um ião não tóxico. No processo de **separação**, uma solução que contém um certo número de iões diferentes passa através de uma coluna que contém esferas de resinas de permuta iónica. Estes iões são separados e emergem pela ordem da sua afinidade crescente pelas resinas. No **processo de remoção de iões,** o permutador de catiões e aniões é utilizado individualmente ou em combinação de ambos para remover os iões da solução. Por exemplo, uma combinação de uma resina catiónica (na forma H^+) e uma resina aniónica (na forma OH^-), todos os iões são removidos e a solução é assim desmineralizada. Consequentemente, entre as outras tecnologias consideradas, os processos de permuta iónica receberam uma atenção significativa e ofereceram uma variedade de aplicações para as indústrias como a petroquímica, a produção de energia, os processos de açúcar, os tratamentos farmacêuticos e de águas residuais domésticas e industriais. Algumas das **características multitalentosas** das resinas de permuta iónica são

> Melhorar a qualidade e a pureza de produtos e alimentos bem conhecidos.

> Eliminar as espécies químicas venenosas dos líquidos ou soluções.

> Apoiar a produção de produtos vitais e de matérias-primas.

> Tornar os bens de consumo e a água potável palatáveis e permitir a sua utilização.

> Análise de biopolímeros e metais de baixa concentração.

> Recuperação de minerais valiosos como o ouro, a prata, a platina e o urânio na hidrometalurgia.

A troca iónica é um fenómeno natural que ocorre continuamente em substâncias inorgânicas e em corpos vivos à superfície da Terra. A reação de permuta iónica pode ser melhor descrita como o intercâmbio de iões entre a fase sólida e um líquido que envolve o sólido. O princípio de funcionamento de uma resina de permuta catiónica consiste em grupos funcionais de carga negativa fixados na espinha dorsal do polímero que substituem os catiões indesejáveis pelos desejados. Enquanto a variação numa resina de permuta aniónica consiste na presença de grupos funcionais carregados positivamente que substituem os aniões pelo mesmo princípio. Inicialmente, a permuta iónica estava confinada a reacções de superfície, mas estas foram gradualmente substituídas por uma estrutura de tipo gel em que os locais de permuta estavam disponíveis através da partícula. Assim, o processo de permuta iónica não é mais do que uma reação química estequiométrica que é reversível na natureza. Na reação de permuta iónica, um ião da solução é trocado por uma carga semelhante ligada a uma partícula sólida imobilizada. Estas partículas sólidas de permuta iónica são inorgânicas naturais (zeólitos ou silicatos) ou resinas orgânicas produzidas sinteticamente, denominadas **permutadores de iões**. A superfície das cadeias de espinha dorsal do polímero é especificamente manipulada pelo químico através da introdução de grupos funcionais. Esta modificação química funciona como pequenos tentáculos que adsorvem ou trocam aniões ou catiões do meio envolvente. Ou seja, a estrutura do polímero é a espinha dorsal do permutador de iões, proporcionando estabilidade, e os grupos funcionais são os braços flexíveis que podem apanhar ou trocar moléculas-alvo do meio envolvente. A resina orgânica de permuta iónica é composta por um polielectrólito de elevado peso molecular que pode trocar iões móveis por iões de carga semelhante do meio circundante e pode ser escrita da seguinte forma

$$2\ R\text{-}SO_3H + MSO_4 = R(SO_3)_2M + H_2SO_4$$

$$2\ (R\ N\ Me_3^+)\ Cl + SO_4^{2-} = (R\ N\ Me_3^+)_2\ SO_4^{2-} + 2\ Cl$$

Em que **R** indica a porção polimérica orgânica da resina e **SO_3** é a porção imóvel do grupo iónico ativo e **H** é o ião móvel.

O permutador de iões pode ser um ácido, uma base ou um sal na forma sólida e insolúvel em água, mas sofre dilatação na água. **As resinas de permuta catiónica têm** um ião móvel carregado positivamente para permuta e **as resinas de permuta aniónica** têm um anião para permuta. Tanto as resinas de permuta aniónica como as resinas de permuta catiónica são produzidas a partir da mesma matriz polimérica de base, mas diferem no grupo ionizável apresentado anteriormente **(Figura 1.3)**. As resinas sintéticas de permuta iónica são geralmente moldadas como esferas porosas com uma superfície externa e de poros considerável onde os iões se podem fixar. Sempre que existe uma grande área de superfície, a adsorção desempenha um papel importante e nenhum ião é libertado. Naturalmente, ambos os mecanismos podem ser significativos em muitos processos. Os permutadores de iões podem geralmente ser classificados em cinco categorias relacionadas com grupos funcionais, tais como ácido forte, ácido fraco, base forte, base fraca e diversos **(Tabela 1.1)**.

Tabela-1.1: Resinas de permuta iónica e sua classificação

Strongly Acidic Ion-Exchange Resins	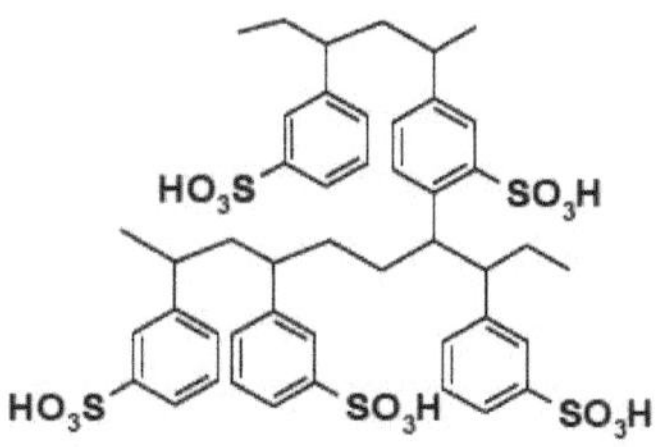 Amberlite IR 120, Dowex HCR, Lewatit S 1500
Weakly Acidic Ion-Exchange Resins	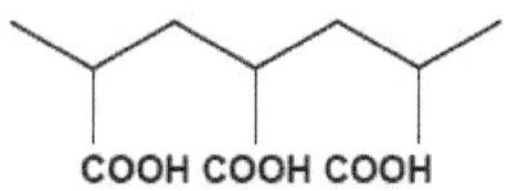 Amberlite IRC 86, Lewatit CNP
Strongly Basic Ion-Exchange Resins	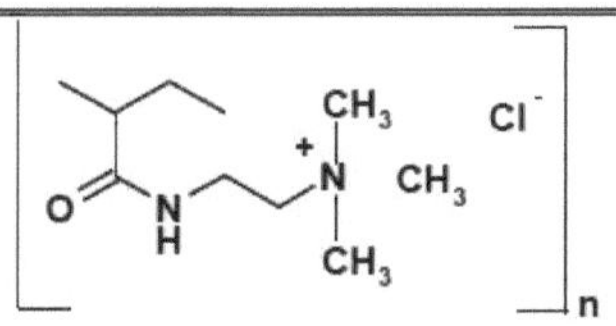 Quatenary Amine Amberlite IRA 458
Weakly Basic Ion-Exchange Resins	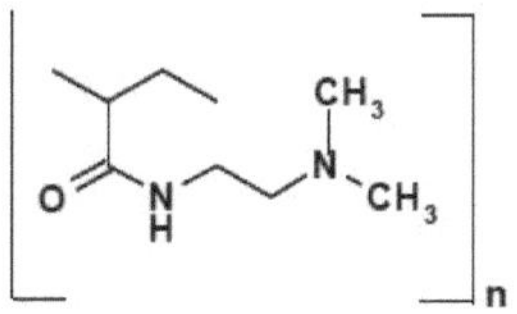 Tertiary Amine Amberlite IRA 67
Miscellaneous	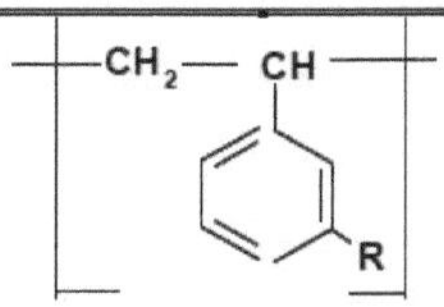 **Where R = -SH** **- CH_2 N(CH_2 COOH)$_2$** **-$CH_2NHCH_2CH_2PO_3H$** TMR, Lewatit TP 207, Duolite C 467

A seleção da resina mais adequada para uma determinada aplicação requer um equilíbrio cuidadoso das propriedades físicas e químicas da resina, bem como do fluido a tratar. Os critérios de desempenho para a seleção de resinas de permuta iónica são a ligação cruzada, a dimensão das partículas, a capacidade total de permuta iónica e a taxa de equilíbrio.

1.2.2 História e desenvolvimentos recentes :

A descoberta da permuta iónica data de meados do século XIX, quando Thomson [1] e Way [2] realizaram as primeiras investigações científicas que indicavam que os fertilizantes funcionariam melhor em determinados solos devido à existência de um processo de permuta iónica. O passo seguinte na evolução da troca iónica foi o esforço para sulfonar o carvão. O carvão sulfonado tem uma tendência para trocar iões de carga positiva na água e este processo de troca iónica também foi considerado reversível. Alguns anos mais tarde, Adams e Holmes [3] produziram o primeiro polímero de fenol-formaldeído e sulfonaram-no para formar um permutador de iões de catiões fortes. O mesmo polímero de base foi funcionalizado com uma amina para produzir o primeiro permutador de iões anião de base fraca. Ambos os permutadores de iões fenol-formaldeído foram utilizados na desmineralização da água. Mc Burney sintetizou a primeira resina de permuta aniónica à base de poliestireno por clorometilação seguida de aminação da matriz de poliestireno [4]. As novas resinas produzidas eram fortes permutadores aniónicos e podiam ser utilizadas para a desmineralização completa da água com uma pureza anteriormente apenas obtida por destilação múltipla em platina.

Ainda hoje, a permuta iónica continua a ser o único processo capaz de produzir a qualidade de água necessária para caldeiras de alta pressão, osmose inversa e eletrodiálise. No entanto, duas das limitações encontradas na utilização de resinas de permuta iónica são a incrustação das resinas por ácidos orgânicos naturais presentes na água de superfície e a tensão mecânica imposta às resinas que funcionam com caudais elevados. Estas dificuldades foram contornadas através da utilização de resinas reticuladas em que o polímero é artificialmente expandido pela adição de um composto orgânico não polimerizável que é solúvel no monómero.

Devido à sua elevada resistência química, o copolímero de estireno-divinilbenzeno continua a ser o mais utilizado como copolímero de partida na síntese de permutadores de iões com destinos especiais. Os copolímeros de estireno-divinilbenzeno contendo uma quantidade menor de DVB (1-4%) apresentam as seguintes propriedades características

- Elevado valor de permeabilidade
- Com elevado teor de humidade
- As capacidades totais de permuta iónica são inferiores numa base de volume húmido
- As taxas de equilíbrio são mais longas
- A estabilidade física é reduzida

> A seletividade para vários iões é reduzida, mas a capacidade de acomodar iões maiores é aumentada.

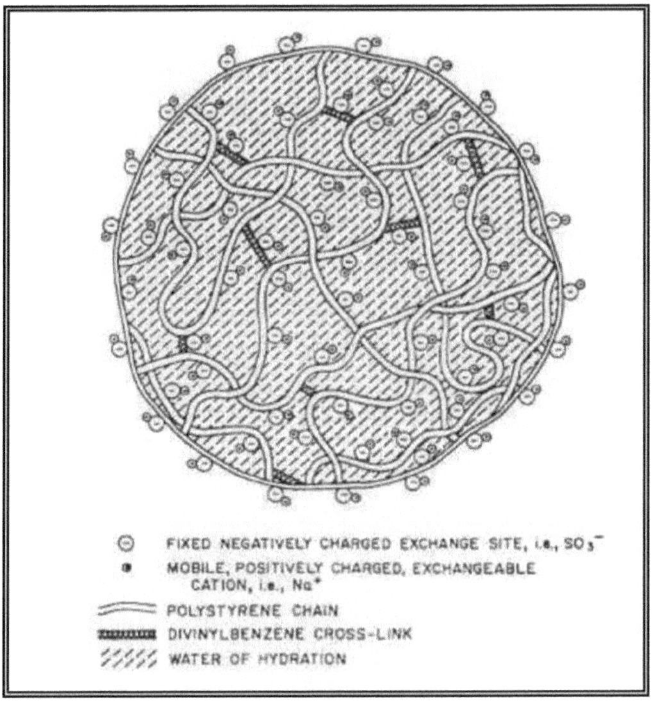

Figura-1.4: Esquema de Resinas Macroporosas

Por outro lado, para a resina mais reticulada, poucos grupos funcionais podem ser introduzidos no interior da partícula de resina e, por conseguinte, a capacidade total em base seca diminui ligeiramente. Esta resina reticulada contém poros artificiais sob a forma de canais e é conhecida como **resinas macroporosas (Figura 1.4)**. Além disso, a resina altamente reticulada é bastante resistente à difusão de vários iões através dela e, por conseguinte, o tempo necessário para atingir o equilíbrio é muito mais longo. A dimensão das partículas de uma resina de permuta iónica influencia o tempo necessário para estabelecer as condições de equilíbrio. Uma diminuição do tamanho das partículas reduz o tempo necessário para o equilíbrio e a taxa de fluxo. Por fim, foram sintetizadas as resinas de permuta aniónica macroporosas de base poliacrílica, tendo cada resina o seu próprio nicho na indústria de tratamento de água. A matriz de resina de base acrílica possui uma resistência excecional à incrustação orgânica e uma estabilidade mecânica muito elevada. Assim, as matrizes de polímeros orgânicos de permuta iónica comuns e os grupos funcionais utilizados como permutadores de iões são apresentados na **Tabela 1.2.**

Tabela-1.2: Matriz polimérica e grupos funcionais em resinas de permuta iónica

cross-linked Styrene-DVB copolymer cation exchange resin	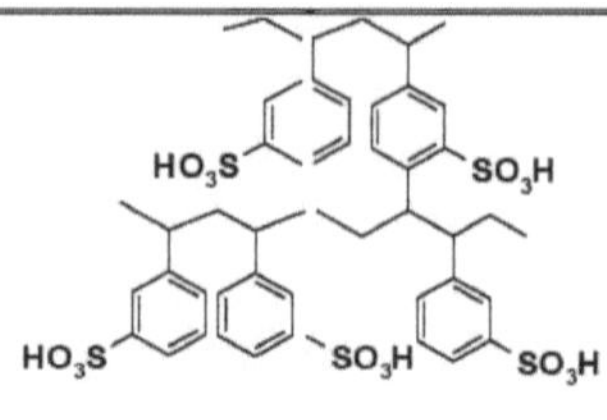
cross-linked Poly Methacrylate	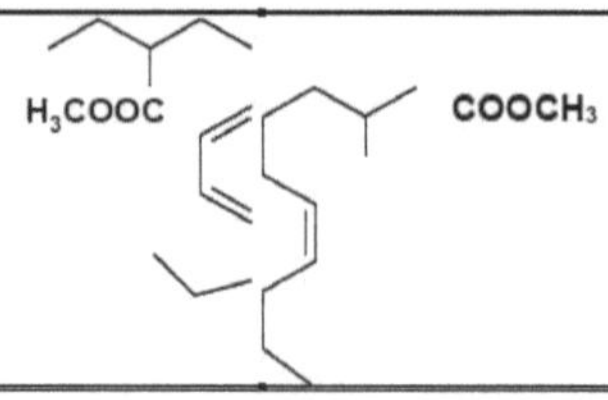
Poly acrylic acid matrix	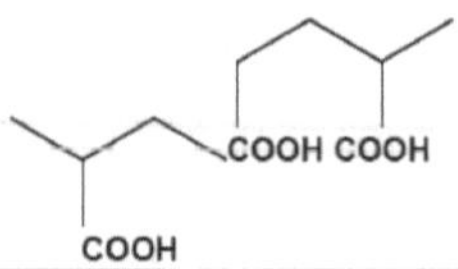
Polystyrene based anion exchange resin	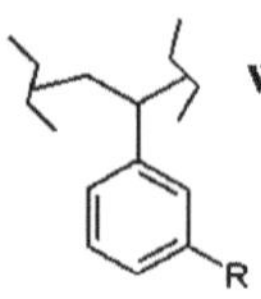 **Where R =** $CH_2N^+(CH_3)_3Cl^-$ $-CH_2N^+(CH_3)_2CH_2CH_2OHCl$ $-CH_2N(CH_3)_2$

Em 1983, a Dow foi a primeira empresa a fabricar, comercializar e lançar resinas de permuta iónica do tipo gel de tamanho uniforme de partículas (UPS) e, atualmente, oferece uma linha abrangente de resinas de permuta catiónica e aniónica UPS, tanto em gel como macroporosas, com estruturas de copolímero de estireno-divinilbenzeno.

1.3 Aplicação da resina de permuta iónica

A maior parte das resinas de permuta iónica comerciais, que encontraram amplos campos de aplicação na ciência e na tecnologia, são produzidas com base em copolímeros de estireno-divinilbenzeno funcionalizados em reação subsequente, devido à sua disponibilidade comercial sob a forma de gel macroreticular expandido ou isoporoso. As aplicações destes materiais variam desde o tratamento de efluentes industriais até à purificação de compostos quirais. Atualmente, os meios de permuta iónica são amplamente utilizados na separação de isótopos de rádio e na remoção de produtos de cisão perigosos dos resíduos antes da sua descarga no ambiente. Nos últimos anos, foi desenvolvido um grande número de permutadores de iões inorgânicos sintéticos para o tratamento de soluções de resíduos nucleares. [5]

Os permutadores de iões estão também a chamar a atenção no domínio da síntese orgânica, onde a reciclagem de reagentes, catalisadores ou ligandos é essencial para uma separação eficiente e fácil dos reagentes e produtos necessários. São utilizados como suporte de polímeros que contêm sítios reactivos. Por exemplo, foram feitos grandes avanços na aplicação de suportes poliméricos ou de reagentes poliméricos imobilizados na síntese de péptidos, na síntese orgânica, na catálise e na coordenação de iões metálicos. Geralmente, o suporte polimérico depende da escolha correcta dos grupos funcionais e da matriz polimérica [6-12]. O copolímero de estireno-divinilbenzeno reticulado clorometilado com 1-2% de divinilbenzeno é o suporte mais utilizado para a síntese de péptidos em fase sólida, a síntese orgânica ligada a polímeros, a catálise ligada a polímeros e a catálise de transferência de fase ligada a polímeros [13].

Os materiais sintéticos de poliestireno funcionalizados por permuta iónica que contêm grupos funcionais reactivos são designados por **"macronets"**, com uma estrutura longa e rígida resultante da pós-reticulação de uma matriz polimérica ligeiramente reticulada. Há muitos relatórios e patentes que descrevem a utilização de resinas de estireno-divinilbenzeno na purificação e isolamento de vários compostos orgânicos de meios naturais, de fermentação e de reação química como aplicações bioadsorventes. A literatura refere muitas patentes relativas a vitaminas, amino-glicosídeos, proteínas, enzimas, aminoácidos e esteróides. [14-37]

Os "Biomateriais Neosepta" de morfologia única são derivados de resinas microporosas de permuta aniónica e catiónica que contêm grupos de ácido sulfónico e trimetilbenzilamónio, respetivamente. Estas membranas, que consistem numa distribuição polimodal do tamanho dos poros, foram utilizadas para realizar um procedimento de diálise eficaz da mistura de proteínas.

[38].

Foram desenvolvidas várias tecnologias para a desinfeção da água. A maior parte delas baseia-se no tratamento com cloro numa fonte central devido ao seu custo relativamente baixo. No entanto, em zonas sem saída ou em muitas zonas distantes do tratamento central, o nível de cloro torna-se ineficaz para impedir o crescimento dos microrganismos. Por conseguinte, é necessário efetuar o tratamento da água imediatamente antes de ser consumida e minimizar a recontaminação devida aos microrganismos. Nos Estados Unidos, a empresa Purolite fabricou resinas iodadas, com a marca registada PurodineTM , que podem ser eficazes na remoção e/ou eliminação da maioria dos agentes patogénicos transmitidos pela água. Esta tecnologia pode ser aplicada em pequenos dispositivos de ponto de utilização para tratar a água de um indivíduo ou pode ser ampliada para fornecer água a uma pequena aldeia ou estabelecimento comercial.

A panorâmica dos desenvolvimentos recentes das resinas de permuta iónica não é, de modo algum, exaustiva, mas são discutidas as que constam de patentes ou são fabricadas pela indústria. Os fabricantes de resinas de permuta iónica dos EUA estão, no entanto, a explorar formas criativas de acrescentar valor aos seus produtos. A Sybron chemicals Co introduziu o Impact Ion

Resinas de permuta iónica para fabricantes de semicondutores. Nos EUA, alguns dos operadores estão a envidar esforços para mudar para processos de permuta iónica em contracorrente, que são mais eficazes e ecológicos do que o método de co-corrente que a maior parte da indústria utiliza. A permuta iónica em contracorrente é um método de funcionamento de uma coluna numa direção de fluxo durante o ciclo de serviço e na direção oposta durante o ciclo de regeneração. [39]

O FIBAN AK-22, um permutador de iões fibroso com funcionalidades carboxílicas e imidazol em fibras de polipropileno, foi testado para a separação de todas as formas de crómio da solução da instalação de metalização e revelou-se muito eficiente na gama de pH 3-4 para $Cr_2O_7^{2-}$ e na gama de pH 6-9 para iões CrO_4^{2-} em comparação com dezasseis permutadores de iões disponíveis no mercado. A tecnologia ambiental oferece um vasto espetro de actividades, desde serviços a produtos que reduzem ou previnem a poluição ambiental e os resíduos. Cada vez mais empresas estão a realizar uma produção mais limpa, o que pode poupar energia e matérias-primas e está a desenvolver um potencial de mercado. Para tal, são necessárias tecnologias de separação, purificação ou concentração, sendo a permuta iónica uma técnica bem comprovada e aceite, capaz de conquistar uma parte significativa do mercado [40]. Não é possível mencionar uma lista exaustiva de aplicações reais e potenciais dos permutadores de iões. No entanto, o **Quadro 1.3 enumera** várias utilizações das resinas de permuta iónica nas indústrias alimentar, química e farmacêutica e na hidrometalurgia.

Tabela-1.3: Utilizações especiais de resinas de permuta iónica

Produto	Aplicação	Resinas recomendadas
Antibióticos	Purificação	AMBERLITE IRC50, XAD16HP
Sumo de maçã	Remoção de hidroxi-metil furfural	AMBERLITE XAD16HP
Bisfenol A	Catálise	AMBERLYST31WET
Catálise (ácida)	Muitos processos	AMBERLYST 15,16,31,35,36,38
Clorados Solventes	Remoção de resíduos	DUOLITE GT73, AMBERLITE IRC748
Colesterol	Medicamento para Hipercolesterolémia	DUOLITE AP143
Sumos de citrinos	Desamargamento	AMBERLITE XAD16HP
Norfloxacina, Ofloxacina,	Mascaramento do sabor de um medicamento amargo	INDION 204, INDION 214, INDION 234

Azitromicina	Formulação de medicamentos de libertação prolongada	INDION 224
Vitamina B_{12}	Estabilização	INDION 264
Água potável	Purificação de água potável	INDION SRCD 1
Ferro e nitratos da água	Remoção de ferro dissolvido e nitratos da água	INDION ISR, INDION NS SR
Catalisador	Reação orgânica como estrificação, alquilação	INDION 140, INDION 130
	Fabrico de acetato de butilo, acetato de etilo e na reação de aldolização	INDION 770, INDION 860

As resinas de permuta iónica são principalmente utilizadas nos seguintes domínios

[1]Amaciamento e purificação da água

[2]Separação de minérios

[3]Catálise

[4]Purificação de sumos de fruta

[5]Açúcar como purificação farmacêutica

[1]Amaciamento e purificação da água:

Nesta aplicação, as resinas de permuta iónica são utilizadas para substituir os iões de magnésio e cálcio presentes na água dura por iões de sódio. Quando a resina está fresca, contém iões de sódio nos seus locais activos. Quando em contacto com uma solução que contém iões de magnésio e cálcio (mas uma baixa concentração de iões de sódio), os iões de magnésio e cálcio migram preferencialmente da solução para os locais activos na resina, sendo substituídos na solução por iões de sódio. Este processo atinge o equilíbrio com uma concentração muito mais baixa de iões magnésio e cálcio na solução do que a inicial.

A resina pode ser recarregada lavando-a com uma solução que contenha uma elevada concentração de iões de sódio (por exemplo, com grandes quantidades de sal comum (NaCl) dissolvido na mesma). Os iões de cálcio e magnésio migram para fora da resina, sendo substituídos por iões de sódio da solução até se atingir um novo equilíbrio.

Este é o método de funcionamento utilizado nas máquinas de lavar louça que requerem a utilização de "sal para máquinas de lavar louça". O sal é utilizado para recarregar uma resina de permuta iónica que, por sua vez, é utilizada para amaciar a água, de modo a evitar a formação de depósitos de calcário nos utensílios de cozinha e de alimentação que estão a ser lavados.

Nesta aplicação, as resinas de permuta iónica são utilizadas para remover iões venenosos (por exemplo, cobre) e iões de metais pesados (por exemplo, chumbo ou cádmio) da solução, substituindo-os por iões mais inócuos, como o sódio e o potássio.

Poucas resinas de permuta iónica removem o cloro ou os contaminantes orgânicos da água - isto é normalmente feito através da utilização de um filtro de carvão ativado misturado com a resina. Existem algumas resinas de permuta iónica que removem os iões orgânicos, como as resinas MIEX (permuta iónica magnética). A resina de purificação de água doméstica não é normalmente recarregada - a resina é deitada fora quando já não pode ser utilizada.

A água da mais alta pureza é necessária para a eletrónica, experiências científicas, produção de supercondutores e indústria nuclear, entre outros. Esta água é produzida utilizando processos de permuta iónica ou combinações de membranas e métodos de permuta iónica. Os catiões são substituídos por iões de hidrogénio utilizando resinas de permuta catiónica; os aniões são substituídos por hidroxilos utilizando resinas de permuta aniónica. Os iões de hidrogénio e os hidroxilos recombinam-se produzindo moléculas de água. Assim, não restam iões na água produzida. O processo de purificação é geralmente efectuado em várias etapas com "colunas de permuta iónica de leito misto" no final da cadeia tecnológica.

[2]Separação de minérios:

Os processos de permuta iónica são utilizados para separar e purificar metais, incluindo a separação do urânio do plutónio e de outros actinídeos, incluindo o tório, e do lantânio, neodímio, itérbio, samário e lutécio, entre si e dos outros lantanídeos. Existem duas séries de metais de terras raras, os lantanídeos e os actinídeos, cujas famílias têm propriedades químicas e físicas muito semelhantes. A permuta iónica é a única forma prática de os separar em grandes quantidades.

Um caso muito importante é o processo PUREX (processo de extração de plutónio e urânio), que é utilizado para separar o plutónio e o urânio dos produtos de combustível irradiado de um reator nuclear e para poder eliminar os resíduos. Em seguida, o plutónio e o urânio ficam disponíveis para o fabrico de materiais de energia nuclear, como o combustível para novos reactores e armas nucleares.

O processo de permuta iónica também é utilizado para separar outros conjuntos de elementos químicos muito semelhantes, como o zircónio e o háfnio, que, por acaso, também são muito importantes para a indústria nuclear. O zircónio é praticamente transparente aos neutrões livres, sendo utilizado na construção de reactores, mas o háfnio é um absorvente muito forte de neutrões, sendo utilizado nas barras de controlo dos reactores.

[3]Catálise:

Em química, as resinas de permuta iónica são conhecidas por catalisar reacções orgânicas.

[4]Purificação de sumos de fruta:

As resinas de permuta iónica são utilizadas no fabrico de sumos de fruta, como o sumo de laranja, onde são utilizadas para remover componentes de sabor amargo, melhorando assim o sabor. Isto permite que fontes de fruta com um sabor mais fraco sejam utilizadas para a produção de sumo.

[5]Açúcar como purificação farmacêutica

As resinas de permuta iónica são utilizadas no fabrico de açúcar a partir de várias fontes. São utilizadas para ajudar a converter um tipo de açúcar noutro tipo de açúcar e para descolorir e purificar xaropes de açúcar.

As resinas de permuta iónica são utilizadas no fabrico de produtos farmacêuticos, não só para catalisar certas reacções, mas também para isolar e purificar ingredientes activos farmacêuticos. Três resinas de permuta iónica, o poliestireno sulfonato de sódio, o colestipol e a colestiramina, são utilizadas como princípios activos. O poliestireno sulfonato de sódio é uma resina de permuta iónica fortemente ácida e é utilizada para tratar a hipercalemia. O colestipol é uma resina de permuta iónica fracamente básica e é utilizado no tratamento da hipercolesterolemia. A colestiramina é uma resina de permuta iónica fortemente básica e é também utilizada no tratamento da hipercolesterolemia. O colestipol e a colestiramina são conhecidos como sequestrantes de ácidos biliares.

As resinas de permuta iónica são também utilizadas como excipientes em formulações farmacêuticas, como comprimidos, cápsulas e suspensões. Nestas utilizações, a resina permutadora de iões pode ter várias funções diferentes, incluindo a dissimulação do sabor, a libertação prolongada, a desintegração do comprimido e a melhoria da estabilidade química dos ingredientes activos.

1.4 Resinas de permuta iónica à base de estireno

A literatura pertinente à resina de permuta iónica à base de estireno é analisada a seguir, Mojtaba Abbasian, Ali Ghaderi e Hassan Namazi [41] relataram a preparação de uma resina de permuta aniónica à base de copolímero de estireno-divinilbenzeno obtida pelo método de polimerização em suspensão. As esferas macroporosas foram preparadas por polimerização em suspensão num reator descontínuo. Os copolímeros PS-DVB clorometilados foram aminados através de dois métodos. No primeiro, o copolímero PS-DVB clorometilado foi aminado com dois tipos de aminas terciárias, em que uma primeira amina terciária com grupos alquílicos superiores, de preferência trioctilamina, foi substituída em locais clorometilados, e a segunda amina terciária, com grupos alquílicos inferiores, de preferência trietilamina, foi substituída em locais clorometilados não reagidos, que era o menos acessível em comparação com a primeira amina. Na segunda, as pérolas de PS-DVB clorometiladas foram aminadas com trimetilamina aquosa a 45%. As estruturas dos polímeros foram identificadas usando DSC, TGA, SEM e espetroscopia FT-IR.

Hesham A. Ezzeldin, Allen Apblett e Gary L. Foutch [42] relataram a Síntese e Propriedades de Permutadores de Aniões Derivados de Clorometil Estireno Codivinilbenzeno e a sua Utilização no Tratamento de Água. Aqui, a aminação de copolímeros de cloreto de vinilbenzil-divinilbenzeno (VBC-DVB) é um método eficaz para a preparação de resinas de permuta iónica. Convencionalmente, o polímero inicial é produzido por clorometilação de um copolímero de estireno-divinilbenzeno que utiliza éter clorometilmetílico, um conhecido agente cancerígeno. Uma abordagem alternativa consiste em copolimerizar cloreto de vinilbenzilo com divinilbenzeno para gerar o VBC-DVB necessário. Este método permite um controlo preciso da densidade dos grupos de permuta iónica. A regioquímica dos métodos de cloreto de vinilbenzilo foi realizada utilizando grupos de permuta iónica de solventes. Nesta investigação, foi encontrado um sistema de solventes melhorado para a preparação de resinas de permuta aniónica pela via do cloreto de vinilbenzilo. Foi investigada a eficácia da aminação dos polímeros intermédios VBC-DVB com uma variedade de reagentes de trimetilamina, tendo a trimetilamina etanólica produzido o grau mais elevado de aminação. Estes polímeros de permuta iónica resultantes foram caracterizados por uma variedade de técnicas, tais como titulações analíticas, análise de azoto, espetroscopia de infravermelhos com transformada de Fourier e análise gravimétrica térmica. Foram efectuados testes de rutura destes copolímeros. Os resultados indicam que estes permutadores de aniões têm um aumento significativo da estabilidade térmica em relação às esferas de permuta aniónica comerciais.

Prasert Akkaramongkolporn, Tanasait Ngawhirunpat e Praneet Opanasopit [43] relataram a Preparação e Avaliação de Resinas de Troca Catiónica de Copolímeros com Ligações Cruzadas de Estireno e Divinilbenzeno Diferentemente Sulfonadas como Novos Portadores para a Libertação de Fármacos. As resinas de troca catiónica de copolímero reticulado de estireno-divinilbenzeno com diferentes sulfonações foram preparadas por polimerização óleo em água e graus variados de sulfonação. Foram avaliadas várias características das resinas obtidas, ou seja, os espectros de infravermelhos com transformada de Fourier, a capacidade de permuta iónica, a morfologia microscópica, o tamanho e o inchamento. As características das resinas foram alteradas em função do grau de sulfonação, demonstrando que é possível preparar resinas com diferentes graus de sulfonação. O comportamento da carga de clorfeniramina (CPM) e a liberação *in vitro* nos fluidos gástrico (SGF) e intestinal (SIF) simulados pela USP das resinas obtidas também foram avaliados. O CPM carregado nos resinatos (resinas carregadas com fármaco) aumentou com o aumento do grau do grupo sulfónico e, consequentemente, do local de ligação do fármaco nas resinas utilizadas. A libertação de CPM foi menor nas resinas com maior grau de grupo sulfónico devido ao aumento da profundidade do caminho difusivo. A libertação de CPM foi obviamente menor em SGF do que em SIF porque o CPM, um fármaco de base fraca, ionizou-se em maior medida em SGF e depois preferiu ligar-se às resinas em vez de se libertar delas. Em conclusão, as resinas sulfonadas de forma diferente podem ser utilizadas como novos transportadores para a administração de medicamentos.

R. Scherer, A.M. Bernardes, M.M.C. Forte, J.Z. Ferreira, C.A. Ferreira [44] relataram a preparação e caraterização física de uma membrana composta de poli(estireno- codivinilbenzeno) sulfonado e polipirrol. As propriedades das membranas de troca catiónica baseadas em compósitos poliméricos de poli(estireno- codivinilbenzeno) sulfonado e polipirrol (Ppy) são discutidas. A quantidade de Ppy nos compósitos depende da concentração da solução oxidante utilizada na síntese. Comparando as membranas compósitas, a condutividade eletrónica mais elevada e a melhor estabilidade térmica foram obtidas para a membrana compósita com o maior teor de Ppy. As membranas foram termicamente estáveis até 250°C. Como se pode ver por SEM, o Ppy está homogeneamente distribuído na matriz de poli(*estireno-co-divinilbenzeno*) sulfonado. Consequentemente, as membranas compósitas incham muito menos na água do que a membrana de base isolada. A capacidade de troca iónica (IEC) não se altera com a polimerização do pirrol.

Kalpa Mandal, Sameer Vyas e Swati Vyas [45] relataram a síntese de novas resinas quelantes de permuta iónica derivadas de copolímero de guaran e divinilbenzeno-estireno para adsorção selectiva de iões metálicos. Foi sintetizada uma nova resina quelante de permuta iónica contendo hidroximato de ácido amino-salicílico, incorporando-o no copolímero de divinilbenzeno-estireno (DVBS). A matriz polissacárida hidrofílica de guaran foi também utilizada para incorporar o hidroximato de ácido amino-salicílico. As características da resina foram estudadas através da determinação da sua densidade aparente, volume aparente específico, teor de humidade, grau de substituição e capacidade de troca iónica. A resina foi caracterizada por meio de espectros de infravermelhos, teor de azoto e titulação do pH. Os valores do coeficiente de distribuição de diferentes iões metálicos, nomeadamente Fe(II), Cu(II), Zn(II), Cd(II), Co(II), Ni(II), Ca(II), U(VI), Cr(VI) e W(VI), foram realizados nestas resinas em função do pH. A análise dos metais foi feita por espetrofotómetro de absorção atómica. Verificou-se que o derivado hidroximado do guaran é mais seletivo do que o do co-polímero de benzeno de mergulho.

Ajay Bilandi e Amiya Kanta Mishra [46] apresentaram uma revisão sobre as resinas farmacêuticas de permuta iónica. As resinas de permuta iónica são polímeros reticulados insolúveis em água que contêm um grupo formador de sal em posições repetidas na cadeia polimérica e têm a capacidade de trocar contra-iões nas soluções aquosas que os rodeiam.

Cerca de 90 % de todas as resinas de permuta iónica têm por base uma matriz de poliestireno. As resinas sintéticas de permuta iónica são geralmente moldadas como esferas porosas com uma superfície externa e de poros considerável onde os iões se podem fixar. As resinas de ácido forte são assim designadas porque o seu comportamento químico é semelhante ao de um ácido forte. Estas resinas são altamente ionizadas tanto na forma ácida ($R\text{-}SO_3H$) como na forma salina (RSO_3Na) do grupo ácido sulfónico (-SO_3 H). A troca iónica é um processo em que os iões móveis de uma solução externa são trocados por iões que estão electrostaticamente ligados aos grupos funcionais contidos numa matriz sólida. Existem várias resinas de qualidade farmacêutica como

AMBERLITE® IRP88, DUOLITE™ AP143/1083, INDION 204, INDION 264, TULSION® 335 TULSION® 345, Kyron T, etc., utilizados como desintegrante de comprimidos, ingredientes activos, como transportador de fármacos básicos (catiónicos), aplicação com técnica de revestimento compatível, mascarar o sabor desagradável associado a determinados fármacos básicos, redução do potássio no sangue, redução do colesterol no sangue, redução do ácido biliar, tratamento da hipercalemia e estabilização da vitamina B12. Esta revisão abrange a estrutura, a química, a cinética, o processo de permuta iónica do IER, o carregamento do fármaco na resina, as aplicações de administração de fármacos das resinas de qualidade farmacêutica, etc.

Neste artigo, os autores apresentam as seguintes figuras e diagramas que clarificam bastante a compreensão da resina de permuta iónica.

Figure-1 Ion Exchange Resins

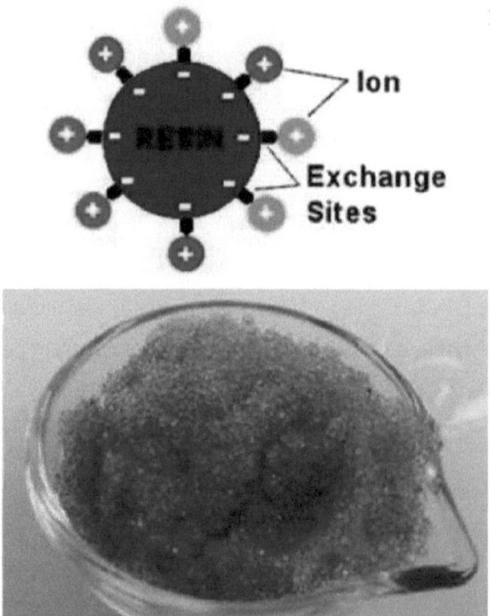

Figure- 2 Chemical Structure Of Cation Exchange Resin

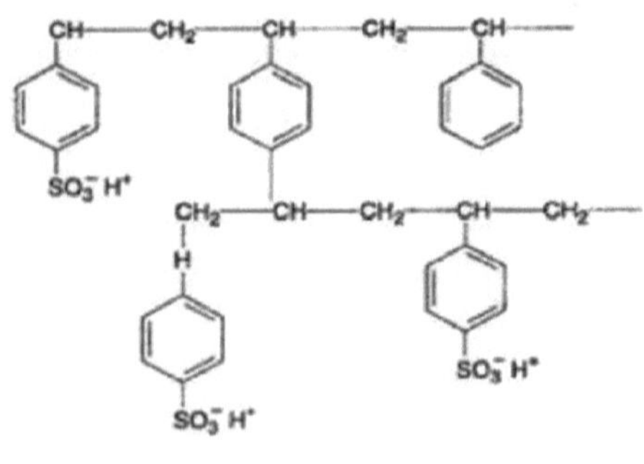

Figure -3 Chemical structure of cation exchanger. The exchangeable ions are marked +. The whole structure is

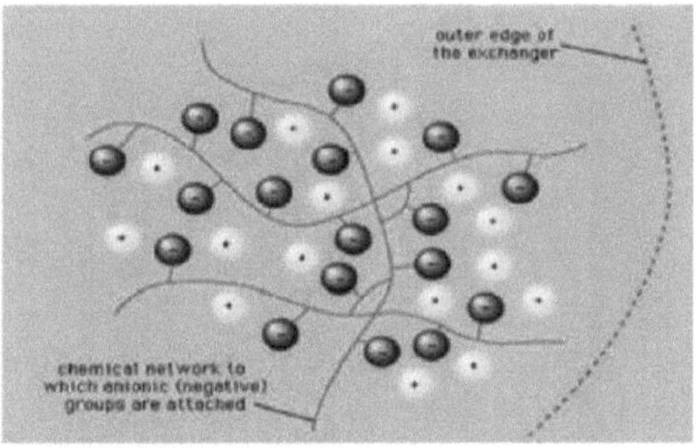

permeated by solvent molecules, usually waters (not shown).Cation exchange resins can be further classified into:

Figure 4. Chemical Structure Of Anion Exchange Resin Anion exchange resins can be further classified into:

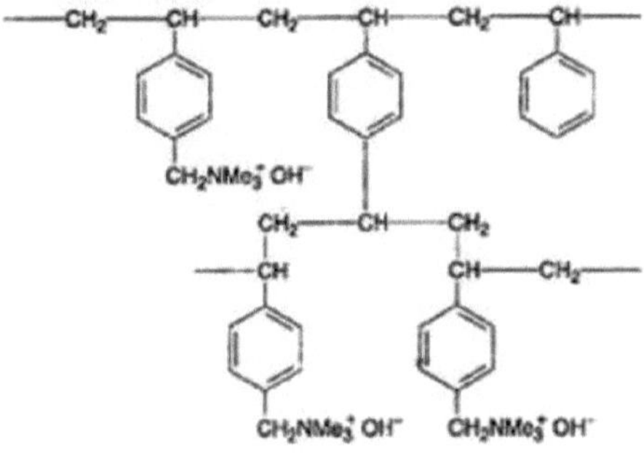

Figure 5. Ion Exchange Chemistry
$R\text{-}NH_2 + HCl = R\text{-}NH_3Cl$

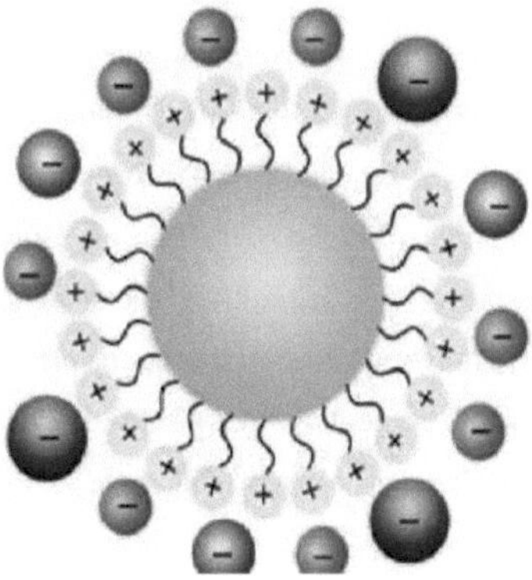

Figure 6. Ion Exchange Process

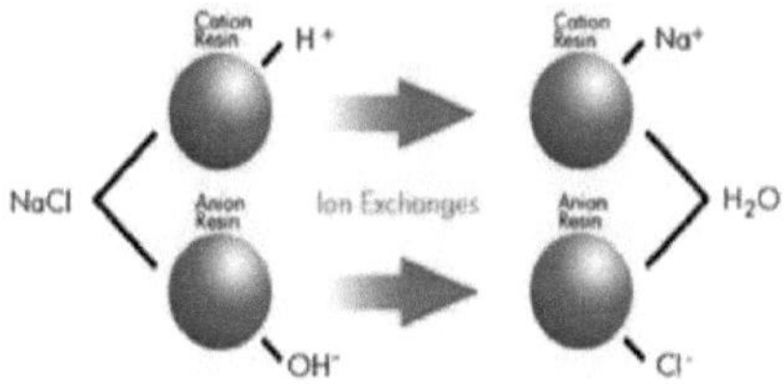

Figure 7. Ion Exchange process

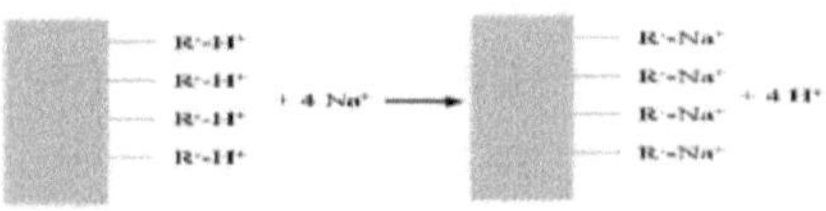

Figure 8. Exchangeable groups in drugs.

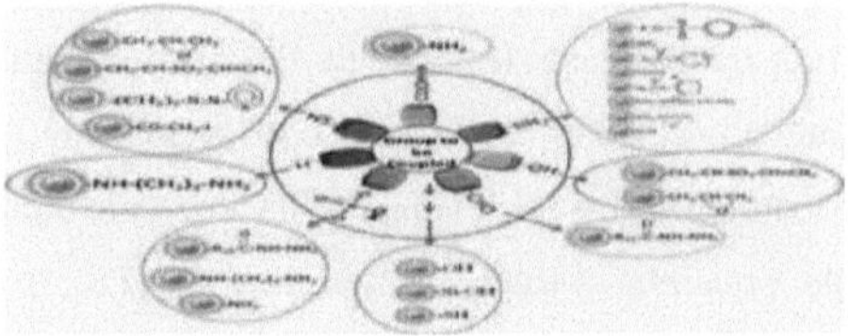

KINETICS OF ION EXCHANGE PROCESS[16]

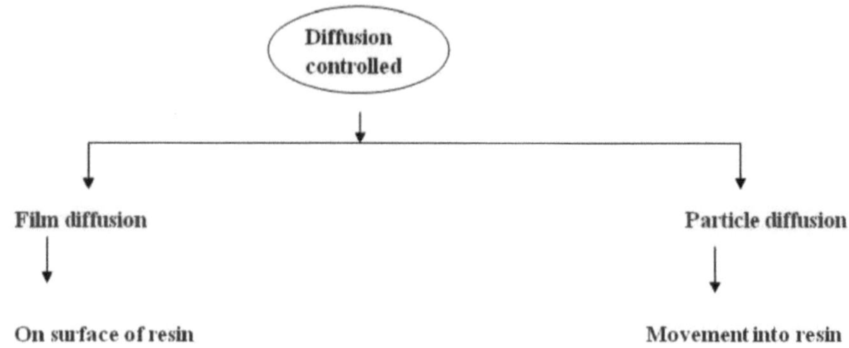

Arjomand Mehrabani-zeinabad, Mohammad Mehdi Akbarnejad e Hossein Hosseini [47] relataram a síntese de resinas de permuta iónica como catalisador para a produção de MTBE. As resinas de permuta iónica são utilizadas como catalisador na produção de MTBE. O catalisador é utilizado sob várias formas. A embalagem catalítica é uma dessas formas, que pode ter diferentes formatos e tamanhos. Como parte de um estudo de investigação, a resina é sintetizada por copolimerização de estireno e divinilbenzeno. O processo de polimerização é realizado sob várias condições seleccionadas. São medidas várias propriedades dos catalisadores produzidos, tais como a capacidade ácida, o rácio de inchamento, a porosidade, o tamanho efetivo dos grânulos e a densidade. São testados os efeitos da concentração do monómero reagente e de vários estabilizadores na eficiência e na qualidade. As resinas produzidas mais comparáveis às comerciais do ponto de vista das propriedades da superfície, da acidez e da morfologia, são utilizadas para a produção de vários tipos de embalagens de catalisadores implementando a tecnologia sol-gel.

Arun Singh e os seus colaboradores [48] publicaram um artigo intitulado Estudos sobre uma nova resina de permuta iónica para o tratamento de efluentes de indústrias metalúrgicas. A poliamina (PA) foi preparada por condensação de 1, 4-bisclorometil benzeno e 1, 4-benzeno diamina. O PA foi então tratado com cloreto cianúrico a 0oC seguido de reação com ácido sulfanílico em THF em NaOH concentrado (pH 9-10) à temperatura ambiente durante 8 horas. O polímero resultante, designado por ácido poliamina-s-triazina-sulfanílico (PATS), foi caracterizado por análise elementar, estudos espectrais de IV e termogravimetria. A amostra PATS foi monitorizada quanto às suas propriedades de permuta iónica. Foi adotado o método de equilíbrio de lotes, para tais propriedades. Com base nisto, a resina PATS foi utilizada para remover os iões metálicos de efluentes provenientes da indústria de galvanoplastia.

Sanjay Kumar Saraf e Arun Singh [49] publicaram um artigo sobre a síntese, caraterização e propriedades de permuta iónica de uma nova resina de permuta iónica, parte III. A poliamina (PA) foi preparada por condensação de 1,4-bisclorometilbenzeno e benzidina. O PA foi então tratado com cloreto cianúrico a 0^0 C seguido de reação com 5-amino- 8-hidroxiquinolina em THF em conc. NaOH (PH 9-10) à temperatura ambiente durante 8 horas. O polímero resultante, designado por poliamina-s-triazina-5amino- 8-hidroxiquinolina (PATHQ), foi caracterizado por análise elementar, estudos espectrais de IV e termogravimetria. A amostra PATHQ foi monitorizada quanto às suas propriedades quelantes e permutadoras de iões. Os quelatos metálicos poliméricos de PATHQ com os iões metálicos Cu^{2+} , Zn^{2+} , Mn^{2+} , Ni^{2+} , UO_2^{2+} e Co^{2+} foram preparados e caracterizados pela relação metal:ligando, estudos de IR e reflectância, propriedades magnéticas, termogravimetria e atividade microbicida. Foi adotado o método de equilíbrio por lotes para avaliar as propriedades de permuta iónica.

Divyesh K. Patel e os seus colaboradores [50] publicaram um artigo sobre a síntese, caraterização e propriedades de permuta iónica de uma nova resina de permuta iónica-II. A poliamina (PA) foi preparada por condensação de dicloreto de xilidina e etileno diamina. A PA foi então tratada com cloreto cianúrico a 0°C-5°C e o pH foi ajustado para 7,8 com $NaHCO_3$. O cinurato de poliamina (PAC) resultante foi então condensado com ácido 4-amino-1-naftaleno sulfónico em NaOH conc. (pH 9-10) à temperatura ambiente durante 2 horas. O polímero resultante é designado como 4,4'-((6-((4-etilbenzil) (2-(metilamino)etil)amino)-1,3,5-triazina-2,4-diil)bis(azanediil)-bis (ácido naftaleno-1-sulfónico) foi caracterizado por análise elementar, estudos espectrais de IR e Termogravimetria.

Preeti R. Dwivedi e seus colaboradores [51] relataram um artigo sobre a síntese de uma nova resina quelante contendo o grupo hexiltioglicolato e algumas de suas aplicações. Uma resina quelante com enxofre como átomo doador foi sintetizada por polimerização em suspensão de estireno altamente reticulado, divinilbenzeno e metacrilato de metilo e foi caracterizada com base em análise elementar, FTIR, SEM, TGA e parâmetros físico-químicos. As propriedades de adsorção da resina sintetizada (SR) foram comparadas com duas resinas disponíveis no mercado, a saber, uma resina quelante (C1) contendo um grupo tiol e outra resina quelante (C2) contendo um grupo tiourónio. Em separações de colunas cromatográficas, para uma mistura binária de Zn (II) e Cd (II) e para uma mistura ternária de Zn (II), Cd (II) e Hg (II), a SR manifestou valores de recuperação ligeiramente mais elevados dos iões de metais pesados em comparação com C1 e C2. Do mesmo modo, para a recuperação de Zn (II), Cd (II) e Ni (II) a partir de amostras de águas residuais industriais e para a recuperação de Cu (II) e Ni (II) a partir de uma solução de sucata de placas de circuitos impressos (PCB), verificou-se que o desempenho do SR era ligeiramente melhor em comparação com C1 e C2[52].

1.5 Lacunas de investigação sobre o trabalho realizado em resina de permuta iónica baseada em copolímero de estireno-divinilbenzeno.

A revisão anterior indica que foram sintetizadas várias resinas de permuta iónica baseadas no copolímero de estireno-divinilbenzeno. A clorometilação de pérolas de estireno-divinilbenzeno para obter pérolas de estireno-divinilbenzeno clorometiladas [CSDV] foi relatada na literatura [53-55]. No entanto, a reação de condensação subsequente deste

Até ao momento, não foram comunicadas contas de CSDV com ácido 4-aminonaftaleno-1-sulfónico, ácido 8-aminonaftaleno-1,3,6-trissulfónico e ácido 1-amino-8-naftol-3,6-dissulfónico, respetivamente. Além disso, esta nova resina de permuta iónica não foi estudada quanto à sua capacidade de permuta iónica e aplicação industrial no tratamento de efluentes.

Todo o trabalho da tese está resumido nos esquemas-1.1

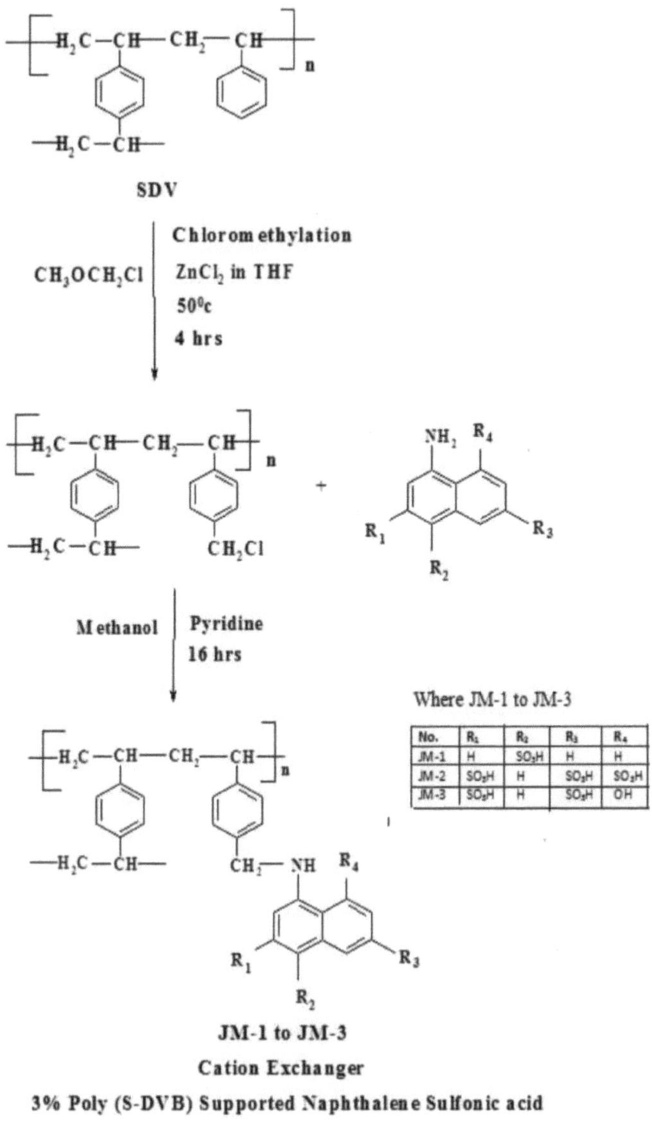

Where JM-1 to JM-3

No.	R_1	R_2	R_3	R_4
JM-1	H	SO_3H	H	H
JM-2	SO_3H	H	SO_3H	SO_3H
JM-3	SO_3H	H	SO_3H	OH

Esquema-1.1

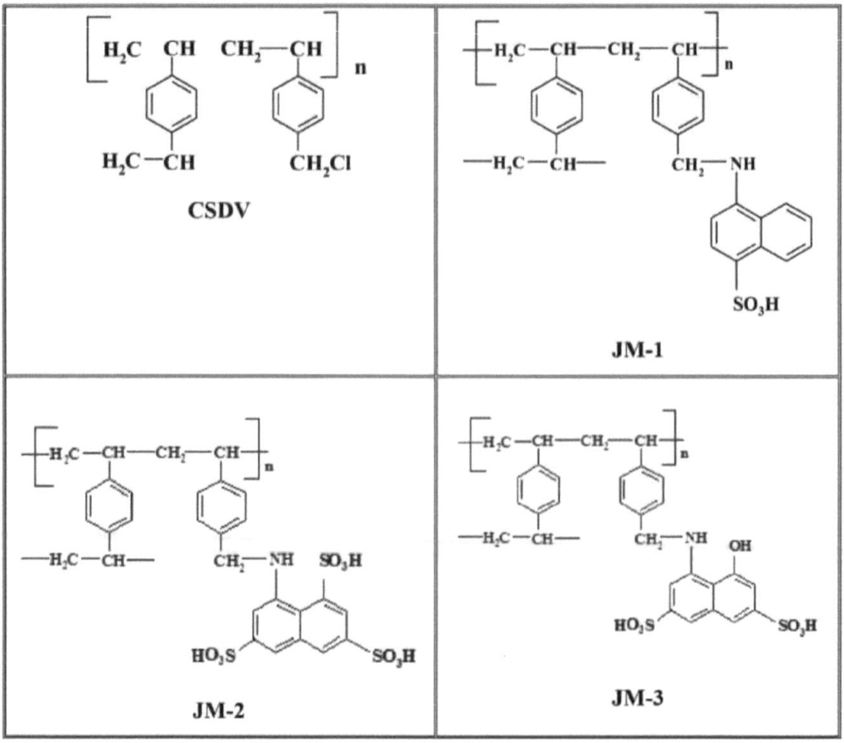

Onde:

SDV = estireno-divinilbenzeno

CSDV = estireno-divinilbenzeno clorometilado

JM-1 = ácido estireno-divinilbenzeno 4-aminonaftaleno-1-sulfónico

JM-2 = ácido estireno-divinilbenzeno 8-aminonaftaleno-1,3,6-trissulfónico

JM-3 = ácido estireno-divinilbenzeno 1-amino-8-naftol 3,6-dissulfónico

Referências:

(1)H. S. Thomson, J. R. Agric. Soc. Engl., 11, 68 (1850).

(2)J. T. Way, J. R. Agric. Soc. Engl., 11, 313 (1850).

(3)B. A. Adams, E. L. Holmes, J. Soc. Chem. Ind. London, 54, 1 (1935).

(4)C.H. Mc Burney, Patente dos EUA 2 591 573 (1952).

(5)A. Dyer e A K J Jasem, "Progress in ion exchange advances and applications" Dept. of Chemistry and Applied Chemistry, University of Salford, pp-261.

(6)A. Patchornik e M.A. Kraus, Pure. Appl. Chem., 43, 503 (1975) Encycl. Polym. Sci. Tech. Suppl., 1, 468 (1976).

(7)C.G. Overberger e K.N. Sannes, Agnew. Chem. Int. Ed. Engl., 13, 99 (1974).

(8)C. C. Leznoff, Chem. Soc. Rev., 3, 65 (1974).

(9)R. H. Grubs, C. Gibbson, L.C.Kroll, e H. Brubaker, J. Polym. Sci., 18, 5437 (1971).

(10) G. Nickless e G.R. Marshall, Chromatogr. Rev., 154 (1964).

(11) V.G. Manecke e H. Heller, Macromol. Chem., 55, 51 (1962).

(12) A. Warshawsky, Ins. Min. Metall., Sect. C, 83, 101 (1974).

(13) W. T. Ford e S. A. Yacoub, J. Org. Chem., 46, 819 (1981).

(14) M. W. Scroggins e J. W. Miller, Anan. Chem, 40, 1155 (1968).

(15) M. W. Scroggins, Anan. Chem, 44, 1285 (1972).

(16) M. D. Grieser e D. J. Pietrzyk, Anal. Chem., 45, 1348 (1973).

(17) Patente britânica n.º 1, 155, 924 (1967).

(18) Takeda Japanese Patent No. 50, 799 (1977).

(19) W Voser (Ciba), Patente dos EUA n.º 3, 725, 400.

(20) W Voser e K Weiss, J. Chromatag., 201, 287 (1980).

(21) Meiji Seika, patente japonesa n.º 32791 (1976).

(22) Banyu, Japanese Laid Open Patent No. 117, 990 (1977).

(23) Nippon Kayaku, Japanese Laid Open Patent No. 110, 587 (1976).

(24) W Voser, J. Chem. Tech. and Biotech., 32, 109 (1982).

(25) Patente do Reino Unido n.º 2, 157, 682.

(26) Patente do Reino Unido n.º 4, 876, 351.

(27) M Kurita e al., J. Antibiot., 29, 1243 (1976).

(28) S J Box et al., J. Antibiot., 32, 1239 (1979).

(29) K Okamura et al., J. Antibiot., 31, 480 (1978).

(30) Nippon Oil KK, patente britânica n.º 2088, 383 (1980).

(31) T Kamikubo e H Narahara, Vitamins, 37, 225 (1968).

(32) Patente aberta japonesa n.º 51, 305 (1977).

(33) Patente japonesa aberta n.º 75, 074 (1976).

(34) Patente dos EUA n.º 3, 515, 717 (1970).

(35) Patente aberta japonesa n.º 127, 950 (1974).

(36) Patente japonesa aberta n.º 127, 951 (1974).

(37) Patente japonesa aberta n.º 76, 880 (1973).

(38) M. Bleha, G. Tishchenko, Y. Mizutani e N. Ohmura, "Dessalinização de imunoglobulinas específicas por membranas neosepta microporosas: Papel dos grupos ionogénicos" Instituto de Química Macromolecular, Japão (2003).

(39) H. eccles, "Ion Exchange- Future Challenges/Opportunities in Environmental Clean-up" British Nuclear Fuels plc Springerfields works, UK (2000).

(40) Jukka Lehto, Tiina laurila, Heikki Leinonen e Risto Koivula, "Separation of chromium with a fibrous ion exchanger "Laboratory of Radiochemistry, Department of chemistry, Helsínquia, Finlândia (1983).

(41) Mojtaba Abbasian, Ali Ghaderi e Hassan Namazi, Polymer-plastics technology and engineering, 50(15), 1606 (2011).

(42) Hesham A. Ezzeldin, Allen Apblett e Gary L. Foutch Int. J. Polymer Science, Artigo ID : 684051, 2010.

(43) Prasert Akkaramongkolporn, Tanasait Ngawhirunpat e Praneet Opanasopit, AAPS Pharma Sci. Tech., 10(2), 641 (2009).

(44) R. Scherer, A.M. Bernardes, M.M.C. Forte, J.Z. Ferreira, C.A. Ferreira, Material Chemistry and physics, 71, 131 (2001).

(45) Kalpa Mandal, Sameer Vyas e Swati Vyas, IOSR Journal of Applied Chemistry, 5(3), 63-67 (Set.-Out. 2013).

(46) Ajay Bilandi e Amiya Kanta Mishra, Int. J. of Adv. Pharmaceuticals, 4(2), 134 (2014).

(47) Arjomand Mehrabani-zeinabad, Mohammad Mehdi Akbarnejad e Hossein Hosseini, Pakistan J. of Applied Sciences, 3(10-12), 703 (2003).

(48) Arun Singh, Varsha Parmar e Aradhana Verma, Oriental J. chem., 25(4), 1005 (2009).

(49) Sanjay kumar saraf e Arun singh, RASAYAN J. Chem, Vol. 4(1), 103109 (2011).

(50) Divyesh K. Patel, Arun Singh e Varsha Parmar, Der Chemica Sinica, 5(2), 101-105 (2014).

(51) Preeti R. Dwivedi, J.K.Verma e Chitra R. Kamath, Int. J. of Adv. Res., 2(10), 955 (2014).

(52) Manisha Sharma e Bina Rani, Journal of Advanced Scientific Research, 2(3): 48-51(2011).

(53) P. K Ajitkumar e K. S. Devasi, Proc. Ind. Acad. Sci., 112 (4), 465-474 (2000).

(54) V. K Ahluwalia e Renu Agrawal, Comprehensieve Practical organic Chemistry, Preparation and Quantitative Analysis, pp-246.

(55) Gheoghe Ilia, Eugenia Fagadar-cosma, Adriana popa e Smaranda Iliescu, J. Serb. Chem. Soc., 69(12), 1043 (2004).

Capítulo: 02

Estudos sobre as propriedades de permuta iónica das novas resinas JM-1 a JM-3 (Secção Experimental)

2.1 Introdução:

O processo de permuta iónica está em paridade com o processo de adsorção, mas não é exatamente o mesmo. A diferença mais caraterística entre os dois processos é que, num verdadeiro processo de permuta iónica, a troca de iões ocorre estequiometricamente entre as espécies sólidas permutáveis e os iões presentes na solução ou no meio circundante. Enquanto num processo de adsorção, o adsorvente absorve as substâncias dissolvidas da solução sem libertar nada na solução (ou seja, adsorção molecular). Os materiais de permuta iónica compreendem duas colecções principais de permutadores de iões orgânicos e inorgânicos e constituem um grupo muito heterogéneo de materiais. Praticamente todos os permutadores de iões orgânicos utilizados no tratamento de águas têm uma cadeia polimérica. A maioria dos polímeros comerciais baseia-se na estrutura do copolímero de estireno-divinilbenzeno, devido à sua resistividade química e estabilidade térmica. Para além disso, possui uma extraordinária estabilidade hidrolítica. Assim, o presente autor planeou examinar a aplicação destes novos permutadores de catiões na remoção de iões metálicos como Cu, Ni, Co e Zn. Neste contexto, seria mais apropriado fazer uma breve revisão dos métodos de estudo das propriedades de permuta iónica [1-7].

Rivas et al [8] estudaram a absorção de metais através do método de equilíbrio de lotes em diferentes condições experimentais para catiões como Hg(II), Cd(II), Zn(II), Pb(II), Cr(III) e Al(III). A afinidade do ião metálico aumentou com o aumento do pH. A pH 5,0, a resina tem 90% de afinidade para absorver iões metálicos. O Hg(II) apresentou o valor de retenção mais elevado a pH 2,0. A capacidade máxima de retenção de iões metálicos é determinada a um pH ótimo para Hg(II), Cd(II), Pb(II) e Zn(II).

Foram descritos vários métodos para a síntese de resinas de permuta iónica. Gregor et al [9] sintetizaram copolímeros de ligandos fenol-formaldeído contendo unidades complexantes formadoras de quelatos de ácido antranílico, 8-hidroxiquinolina ou m-fenilenodiglicina e estudaram as suas propriedades de permuta iónica. Os polímeros de cadeia longa do tipo fenol-formaldeído, como o copolímero 8-hidroxiquinolina-formaldeído-recorcinol [10-12], o polímero ácido salicílico-formaldeído [13, 14], o polímero PAS-formaldeído [15] e os poli(oxina-alquileno) [16], foram também referidos como permutadores de iões. Blasious e kynst [17] relataram a resina de permuta iónica por condensação de ácido (o-hidroxifenoxi) acético com catecol (agente de reticulação) e formaldeído.

As resinas de permuta iónica quelantes do tipo vinil foram preparadas por polimerização do derivado vinil do ligando quelante [18,19] e também por incorporação do ligando na matriz de poliestireno [20, 21, 11].

Os polímeros quelatos podem ser estudados com base na natureza e nas propriedades características dos ligandos individuais [22-24]. Podem também ser estudados através do estudo da forma como um ião metálico é incorporado no ligando polimérico em várias condições experimentais. É de notar que a parte orgânica do ligando polimérico possui certas características que influenciam a sua eficácia [23-25]. Algumas das características são:

(i) Natureza da unidade de repetição do polímero,

(ii) Número de unidades quelantes por unidade repetida no caso dos copolímeros,

(iii) Grau de reticulação numa determinada amostra de polímero.

Gregor e os seus colaboradores [26] utilizaram o equilíbrio por lotes de polímeros quelantes, como as resinas de ácido antranílico formaldeído e O-aminofenol-formaldeído, com soluções de iões metálicos contendo tampões de elevada capacidade para determinar a seletividade e a capacidade dos polímeros quelantes. As resinas foram trituradas e peneiradas com uma malha de tamanho conhecido e inchadas em condições específicas. Todas as experiências foram realizadas agitando uma quantidade pesada de resina em diferentes quantidades de várias soluções de iões metálicos de composição conhecida à temperatura ambiente durante pelo menos 48 horas. Seguiu-se a análise do filtrado da solução de equilíbrio. A quantidade adsorvida foi indicada em milimoles de metal adsorvido por grama de resina seca. As experiências foram realizadas a pHs que variam de 1 a 8 e a várias forças iónicas, utilizando várias concentrações iniciais de iões metálicos. Estas investigações foram realizadas com iões Mg^{+2} , Fe^{+2} , Co^{+2} , Ni^{+2} , Zn^{+2} e Cu^{+2} [26].

Degeiso et al relataram o estudo detalhado das propriedades de permuta iónica do polímero salicílico-formaldeído [13]. Prepararam o polímero de elevado peso mol. Peso do polímero e estudaram as propriedades de permuta iónica por equilíbrio de lote em termos de influência de vários electrólitos na adsorção de metais, estudo cinético com a taxa de absorção de metais pelo polímero e distribuição de iões metálicos no polímero e no licor-mãe numa vasta gama de pH. O autor também sugeriu que os iões metálicos de urânio e ferro podem ser facilmente separados por este polímero de minérios. Eles [9] tentaram separar o urânio de soluções e lixiviados de minério com SFP de tamanho de malha adequado por processo de equilíbrio em lote a pH constante [1,5 a 2,0 e 10 a 11] e tempo variável de uma a dezasseis horas. Após o período de otimização, a resina foi separada por filtração e, em seguida, a resina foi eluída com Conc. HCl. Assim, o urânio foi recuperado com 94-99% de pureza com 82-95%. Estes autores compararam os seus resultados com comparações comerciais de resultados também efectuadas com outras resinas [26,27].

Patel et al efectuaram este tipo de estudo com diferentes polímeros de fenol-formaldeído[15,16,29].

No presente caso, foi adotado o método de equilíbrio por lotes para estudar a capacidade de permuta iónica das novas resinas JM-1 a JM-3.

2.2 Métodos experimentais para as propriedades de permuta iónica das resinas JM-1 a JM-3 com vários iões metálicos:

Como mencionado na secção anterior, o método de equilíbrio em lote foi utilizado no estudo das propriedades de permuta iónica de três [21,22]. O estudo foi efectuado no contexto dos seguintes aspectos:

(i) Determinar as propriedades de permuta iónica das três resinas.

(ii) Estudo da influência de vários electrólitos na quantidade de iões metálicos absorvidos pelo polímero.

(iii) Taxa de absorção de metais pelas resinas produzidas em condições experimentais específicas.

(iv) Determinação do coeficiente de distribuição do ião metálico entre a resina sólida e as fases líquidas numa vasta gama de pH.

Todas as experiências foram efectuadas com amostras de polímero JM-1 a JM-3 purificadas. As amostras purificadas e peneiradas até ao tamanho de 300 mesh foram utilizadas no estudo. Todas as experiências foram efectuadas à temperatura ambiente (25^0 C.)

(i) Determinação da capacidade de troca das resinas permutadoras de iões JM-1 a JM-3.

Introdução:

A permuta iónica é um fenómeno em que os iões ligados à cadeia polimérica são trocados por outros iões em solução. As resinas de permuta iónica são principalmente utilizadas para desmineralizar a água e para separar misturas de[1] catiões ou aniões. Uma caraterística importante da resina de permuta iónica é a sua capacidade, expressa em termos de milimoles de iões permutáveis por grama de resina.

A capacidade de troca pode ser medida trocando o ião sódio (Na^+) pela forma de hidrogénio (H^+ inicialmente ligado à resina). O ião hidrogénio é então titulado com álcali aquoso. A reação de permuta pode ser representada da seguinte forma

$$2R\text{-}H^+ + 2Na^+_{(aq)} + SO_{4\,(aq)} \rightarrow 2R\text{-}Na^+ + 2H^+_{(aq)} + SO_4^{-2}{}_{(aq)}$$

Na equação, R representa a resina de permuta iónica. A reação é um processo de equilíbrio indicado por pode ser forçada até ao fim utilizando uma solução "concentrada" de sulfato de sódio.

As soluções necessárias para esta experiência são (i) hidróxido de sódio 0,5 M, (ii) hidróxido de sódio 0,1000 M, (iii) indicador de fenolftaleína

O equipamento especializado necessário é uma coluna de cromatografia

A coluna (Fig.-1) é constituída por três peças: uma coluna de vidro relativamente longa, um conjunto de válvulas e uma ponta de saída. Antes de utilizar a coluna, a mesma foi aquecida, enchendo-a com água. Colocar um pequeno tampão de lã de vidro no fundo da coluna cromatográfica para evitar que os grânulos de resina de permuta iónica entupam o conjunto da válvula.

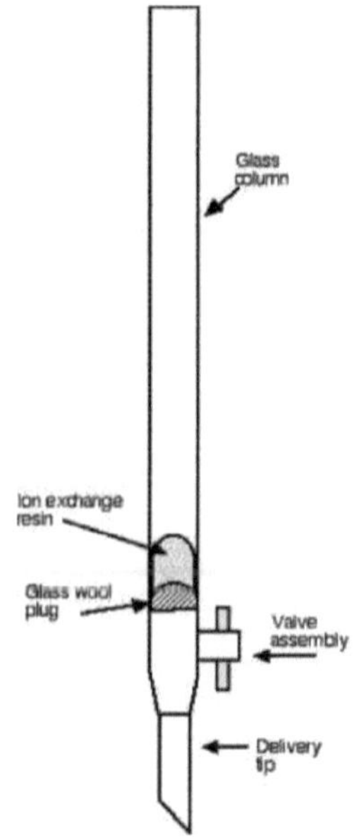

Figura 2.1 Coluna cromatográfica montada e carregada com resina de permuta iónica.

Procedimento experimental

(i) Secagem da resina ao ar

1 grama de resina de permuta catiónica foi transferido para um copo de 150 ou 250 mL. Tapar o copo com um vidro de relógio e guardá-lo no cacifo do equipamento durante a noite.

(ii) Carregamento da coluna cromatográfica

1 A coluna é enchida com água desionizada. As eventuais bolhas de ar são removidas da coluna batendo suavemente nos lados com uma vareta de agitação de vidro.

2 amostra da resina seca ao ar (~0,9 - 1,0 gramas)pesada na balança analítica e transferida para um copo de 50 mL.

3 Adicionaram-se cerca de 25 ml de água desionizada à resina e transferiu-se a pasta de resina para a coluna.

4 Uma vez preparada a coluna, o nível da água deve ser ajustado de modo a ficar ~ 1 cm acima do topo do leito de resina. Não permitir que o nível da água desça abaixo do topo do leito de resina.

(iii) Troca de iões

1 250 ml de solução de sulfato de sódio 0,5 M "por dissolução de 21,3 gramas de sulfato de sódio em água Dl. Em seguida, adicionou-se à coluna e ajustou-se a válvula de modo a que a solução passasse através da coluna a uma velocidade de 2-3 ml/minuto.

2 Adicionaram-se 5 ml de sulfato de sódio à coluna e ajustou-se a válvula de modo a que a solução passasse através da coluna a um ritmo de 2-3 ml/minuto.

3 Adicionou-se mais solução de sulfato de sódio fresco à coluna, em porções de 5 ml, evitando que o nível do líquido descesse abaixo do topo da resina.

4 O efluente (o líquido que escorre do fundo da coluna) foi recolhido num Erlenmeyer de 500 mL. Quando todos os 200mL de sulfato de sódio tiverem passado pela coluna, passar 50mL de água desionizada pela coluna e recolher a água desionizada no mesmo frasco que o efluente.

Titulação

1. Utilizando uma solução padronizada de hidróxido de sódio 0,1000M. Todo o conteúdo do Erlenmeyer de 500 mL foi titulado com solução de NaOH 0,1M até ao ponto final de fenolftaleína.

2. A capacidade de troca em milimol grama de resina é calculada através da fórmula

$$Capacity = \frac{{}^{mL}NaOH \times {}^{M}NaOH}{{}^{mass}resin}$$

Tabela - 2.1 Capacidade de permuta iónica da resina JM-1 a 3

Resina	Capacidade de permuta iónica mmol/grama
JM-1	0.7
JM-2	1.7
JM-3	1.2

(ii) <u>Efeito de vários electrólitos na absorção de metais pelas resinas JM-1 a 3</u>:

Estas experiências foram efectuadas da seguinte forma. Todas as experiências foram realizadas tomando 25 mg das amostras de polímero purificado de 300 mesh a um pH fixo (absorção dos iões metálicos) e na presença de várias concentrações dos electrólitos em estudo.

25 mg da amostra de polímero (JM-1 a JM-3 cada) em estudo foram agitados num balão Erlenmeyer, num agitador, em cada uma das cinco soluções seguintes, durante 24 horas.

Número :	I	II	III	IV	V
Solução electrolítica :	1M	0.5M	0.1M	0.05M	0.01M

(40 ml)

Em seguida, foi adicionada uma solução metálica 0,1 M (1 ml) a cada uma das soluções acima referidas, ajustando o pH (Fe: 2,75, Cu: 5,5, UO_2 : 4,0, Co:5,5) através da adição da quantidade necessária de ácido nítrico 1M aquoso. O pH da mistura foi medido periodicamente e ajustado pela adição da quantidade necessária de HNO_3 1M ou NaOH 1M após 24 horas. O conteúdo de cada um dos cinco frascos foi filtrado separadamente. O filtrado e a lavagem foram recolhidos. O ião metálico em solução foi estimado por titulação da solução contra uma solução padrão de EDTA. No caso dos iões UO_2^{+2} , a estimativa foi efectuada complexometricamente utilizando 8-hidroxi-quinolina como precipitante e uma solução padrão de $KBrO_3$ como titulante.

Foi efectuada uma experiência em branco separada na ausência de um eletrólito adicionado, do seguinte modo

25 mg da amostra de polímero acima referida foram agitados em 40 ml de água destilada durante 24 horas. A esta suspensão agitada, foi adicionado 1 ml de uma solução 0,1 M de iões metálicos. O pH necessário acima mencionado foi ajustado e mantido ao longo da experiência durante 24 horas. A mistura foi filtrada, o filtrado e as lavagens foram recolhidos. A quantidade de ião metálico remanescente na solução foi estimada da mesma forma.

Assim, foi calculado o ião metálico absorvido pela amostra de polímero. Estas experiências foram realizadas com soluções 0,1 M de iões metálicos Cu^{+2} , Fe^{+3} , Co^{+3} , Zn^{+2} , Mn^{+2} e UO_2^{+2} utilizando quatro electrólitos diferentes, tais como $NaClO_4$, NaCl, $NaNO_3$ e Na_2SO_4 .

(iv) <u>Estimativas da taxa de absorção de metais pelas resinas JM-1 a 3</u>:

Com vista à determinação do tempo necessário para atingir o estado de equilíbrio em determinadas condições experimentais, foram efectuadas várias experiências para estimar a taxa de absorção do metal pela resina. Assumiu-se que o estado de equilíbrio existiria em 24 horas à temperatura ambiente. A taxa de absorção de metais é expressa em percentagem de obtenção dos iões metálicos no estado de equilíbrio. Supondo que X mg de iões metálicos são adsorvidos após 1 hora e Y mg dos iões metálicos são adsorvidos após 24 horas, X x 100/ Y seria a medida da % de equilíbrio atingida após uma hora.

Em todas as experiências, o ião metálico absorvido pela resina na presença de $NaNO_3$ 1M (como indicado na secção anterior) foi considerado como 100% de absorção no equilíbrio. A amostra de polímero (amostra de polímero JM-1 a JM-3 cada) foi inchada mantendo-a em contacto com o eletrólito ao pH necessário. 25 mg de amostra de polímero foram agitados em 40 ml de solução 1M de $NaNO_3$ a pH 3,0. Verificou-se que os valores de pH eram idênticos, quer as leituras fossem feitas com eléctrodos imersos na solução clara ou na lama. A esta pasta foi adicionado 1 ml de solução de iões metálicos 0,1M. O pH da lama agitada foi ajustado para 3,0 e verificado periodicamente. Foram efectuadas oito experiências deste tipo. O tempo de contacto foi variável, com diferentes períodos de contacto, a saber, ½, 1, 2, 3, 4, 6, 12 e 24 horas, respetivamente. Depois de decorrido o tempo de reação, o sólido foi filtrado e lavado com água destilada. A solução residual de iões metálicos e as lavagens foram recolhidas. Nesta solução, a concentração do ião metálico foi estimada de forma convencional. Este estudo foi realizado com iões Cu^{+2} , Fe^{+3} , Mn^{+2} e UO_2^{+2} . Os resultados são apresentados no capítulo 4 da tese.

(v)**Avaliação da distribuição de iões metálicos numa vasta gama de pH:**

O coeficiente de distribuição de cada um dos seis iões metálicos Cu^{+2} , Fe^{+3} , Co^{+2} , Mn^{+2} , Zn^{+2} e UO_2^{+2} entre o polímero e a solução aquosa foi determinado na presença de uma solução 1M de $NaNO_3$. O ajuste do pH foi efectuado utilizando HNO_3 1M ou NaOH 1M, conforme o caso.

A amostra de polímero purificada (amostra de polímero JM-1 a JM-3) (25 mg) foi agitada em $NaNO_3$ 1M (44 ml) a pH = 3 durante um período de 24 horas. O pH foi ajustado para o valor necessário como e quando necessário durante o curso da experiência. Ao polímero intumescido, foi adicionado 1 ml de solução de iões metálicos 0,1 M. O pH foi então ajustado para o valor requerido. As experiências foram efectuadas numa gama de pH de 1,5 a 6.

Após 24 horas, a mistura foi filtrada. O filtrado e as lavagens foram recolhidos. Estimou-se a quantidade de ião metálico que permaneceu na fase aquosa. Conhecida a concentração original do ião metálico, estimou-se o ião metálico adsorvido pela resina polimérica. A razão de distribuição D é definida pela seguinte relação:

$$D = \frac{\text{Milliemoles of metal ions taken up by 1 gm. of resin}}{\text{Milliemoles of the metal ions in the 1 ml of solution}}$$

Os valores do coeficiente de distribuição foram medidos para os iões metálicos Cu^{+2} , Fe^{+3} , Co^{+2} , Mn^{+2} , Zn^{+2} e UO_2^{+2} numa gama de pH.

Referências:

(1)Nagh, W. S., Endud, C. S.; Mayanar. R, React. Funct. Polym., 50, 181 (2002).

(2)Saliba. R., Gauthier, R.; Pedtit-Ramel. M, J. Appl. Polym. Sci., 75, 1624 (2000).

(3)Von Zelewsky, K.; Barbosa, L.; Schlapfer, C. W, Coord Chem Rev., 123, 229 (1993).

(4)Warshawsky, A, Angew Makromol Chem 171, 109 (1982).

(5)Rivas, B. L.; Maturana, H. A.; Luna, M, J Appl Polym Sci., 74, 1557 (1999).

(6)J. K. Yang, J. H. Burban e E. L. Cussler, Aiche Journal, 41, 1165 (1995).

(7)J. M. Monteagudo e M. J. Ortiz, J. Chemical Technology, 75, 767 (2000).

(8)Carla Munoz e Bernabe L. Rivas, J. Appl. Polym. Sci., 101, 4328 (2006).

(9)H. P. Greger, M. Tieter, L. Citarel e E. I. Becker, Ind. Engng. Chem., 44, 2834 (1952).

(10) L. D. Pennington e M. B. Williams, Ind. Engng. Chem., 51, 759-762 (1959), Chem. Abstr., 53, 18335 f (1959).

(11) F. Varnon e H. Eccles, Analytics. Chim. Actos, 63, 403 (1973).

(12) H. P. Greger, L.B. Luttinger e E. M. Loebel, J. Physical Chem, 59, 34 (1955).

(13) R. C. Degeiso, L. G. Donaruma e E. A. Tomic, J. Org. Chem., 27, 14241426 (1962).

(14) Idem, Anal. Chem., 34, 845-847 (1962) Chem. Abstr., 57, 6653 e (1962).

(15) S. D. Patel "PAS-Formaldehyde polymers", Tese de Doutoramento, Universidade Sardar Patel, Vallabh Vidyanagar 388 120, Índia.

(16) B. S. Patel, "Poly (Oxine-alkylene)s", tese de doutoramento, Universidade Sardar Patel, Vallabh Vidyanagar 388 120, Índia.

(17) E. Blusius e G. H. Kynast, Z. Analyt. Chem., 203, 321 (1964).

(18) R. C. Degeiso, L. G. Donaruma e E. A. Tomic, J. App. Poly. Sci., 7, 1515 (1963).

(19) L. R. Morris, R. A. Mock, G. A. Marsehall e J. H. Howe, J. Am. Chem. Soc., 81, 377 (1959).

(20) F. Vernon e H. Eceles, Anal. Chim. Ata, 72(2), 331-338 (1974).

(21) Idem, Ibid., 83, 187 (1976).

(22) S. L. Modorgk e Wendladt, Modern Plastics, 38, 1314 (1961).

(23) H. P. Greger, L.B. Luttinger e E. M. Loebel, J. Physical Chem, 59, 559560 (1955).

(24) Idem, Ibid., 59, 874-881 (1955).

(25) S. L. Modoreky e S. Straus, Modern Plastics, 38, 134 (1961).

(26) H. P. Greger, M. Tieter, L. Citarel e E. I. Becker, Ind. Engng. Chem., 44, 2834 (1952).

(27) Idem, Ind. Engng. Chem., Process Design Develop, 2, 43-44 (1963).

(28) Rajesh N. Singru, Der Pharmacia Lettre, 3(6), 173 (2011).

(29) W. B. Gurnule e Sonali S. Dhote, Der Pharma Chemica, 4(2), 791 (2012).

MIX
Papier aus verantwortungsvollen Quellen
Paper from responsible sources
FSC® C105338

Printed by Books on Demand GmbH, Norderstedt / Germany